环境艺术设计创新与可持续发展

张思露　幸　任　著

云南美术出版社

图书在版编目（CIP）数据

环境艺术设计创新与可持续发展 / 张思露， 幸任著 . 昆明 : 云南美术出版社， 2024. 9. -- ISBN 978-7-5489-5876-5

Ⅰ . TU-856

中国国家版本馆 CIP 数据核字第 2024NS9567 号

责任编辑： 陈铭阳

装帧设计： 墨创文化

责任校对： 李林 张京宁

环境艺术设计创新与可持续发展

张思露 幸任 著

出版发行 云南美术出版社

社　　址 昆明市环城西路 609 号

印　　刷 武汉鑫金星印务股份有限公司

开　　本 787mm×1092mm　1/16

印　　张 11.5

字　　数 240 千字

版　　次 2024 年 9 月第 1 版

印　　次 2024 年 9 月第 1 次印刷

书　　号 ISBN978-7-5489-5876-5

定　　价 68.00 元

可持续发展的研究是环境保护工作的重要组成部分，其研究正由最初的定性探讨阶段逐步进入定量评估阶段。

随着人类社会的不断发展，环境问题成为全球日益关注的话题，人类应该学会和大自然和谐相处，可持续发展观是人类生存下去的必然趋势。可持续性理念下的环境设计是一种“活”的创新，需要将区域内的要素相关联，以自然系统带来的可再生能源为推动力，实现区域内的“自给自足”，形成一个闭环。关联同样要从系统的角度着手，归纳整理现有的技术、资金、能源，使各方要素彼此呼应。这样，环境才能真正不依靠外力而“生长”。环境艺术是建立在自然环境之外的一种人工艺术创作，但它又离不开自然环境本身。它必须植根于自然环境并与之共存。如果环境艺术的创造需要控制和利用自然生态资源，那么当森林植被、气候、水资源和生物生态环境被破坏时，它不仅会重复机械文明的时代的错误，也和现代环境艺术的艺术性、科学性以及可持续发展的理念相违背。因此，环境艺术设计要采取与自然和谐的整体观念去构思，以生态学思想和生态价值观为主要原则，充分考虑人类居住环境可持续发展的需求，成为与自然共生的生态艺术。

本书从环境设计的基本概念、原则和基础出发，深入探讨了环境设计影响因素，并详细分析了可持续设计的基础理论。通过室内环境设计、城市景观设计、绿色建筑设计等方面的实践分析，展现了可持续设计理念的实际应用。书中不仅介绍了理论知识，还结合实践具体分析如何通过设计实现环境的生态平衡和可持续发展。本书既是一项专业研究成果，也是一本非常适合于一般读者的读物，它可以使读者了解室内设计为什么要考虑可持续的室内环境设计理论以及如何考虑可持续的室内环境设计理论。环境保护工作的开展需要每一个人的参与，更需要唤醒人们的可持续发展意识，提高环境保护意识。本书由江西科技学院张思露、重庆公共运输职业学院幸任担任作者，具体编写分工如下：第一章至第三章、第五章由张思露编写（共计 14 万字），第四章、第六章由幸任编写（共计 10 万字）。张思露对全书进行了统稿、审定。

在写作过程中，书中参考了许多同行的著作，并获得了许多专家学者的支持和帮助，在此郑重地表示感谢。虽然在成书过程中进行了多次编辑与校改，但限于作者水平，书中难免有错漏之处，欢迎广大读者指正。

目
录

目
录

第一章　环境设计概述

第一节　环境设计的概念

一、环境设计的基本概念

（一）环境的基本内涵

环境是一个内涵丰富、外延宽泛的概念，广义上指人类所存在的一切周围地方，以及其中存在的一切可感知的事物，具有宏观和微观之分。通常将环境分为自然环境与人工环境两大类，也可进一步将其分为自然环境、建筑环境以及园林环境等类型。大自然中的飞禽走兽、草木虫鱼、山川河流都是自然环境的一部分；城市生活中的建筑园林、道路景观是人文环境的构成要素，甚至人们的行为活动和生存条件也是环境中的重要因素。人类与环境彼此作用，相互影响，人类在对环境改造和利用的过程中，努力创造出符合自身价值取向的生存环境。

从环境设计的角度上看，环境还可被分为“内在环境”及“外在环境”两个方面。其中，构成事物本身的组织和物质叫作“内在环境”，而在“内在环境”之外的客观存在就是“外在环境”，包含了实现设计意图所需的各种客观存在。从现代系统科学的角度来看，“环境”和“系统”间存在着特定的依存关系。环境的存在是系统存在的依据，环境为组成系统的各要素间相互交流提供依托，适宜的环境条件对系统稳定运转具有积极作用。系统的环境、结构以及各类元素都直接影响着系统功能的实现。

（二）设计的基本内涵

设计的核心在于赋予空间以功能和意义，超越单纯的美学考量。它不仅是对物理空间的布局和装饰，更是对人的行为、心理和文化需求的回应。在设计过程中，设计师需要综合考虑空间的用途、用户的需求以及环境的影响等多方面因素，力求实现人与环境的和谐共生。设计应具备前瞻性和创新性，能够预见未来的发展趋势并为之提供解决方案。因此，设计不仅是一个技术性的过程，更是一种充满创造力和思想性的活动。

（三）环境设计的基本内涵

环境设计的根本在于通过科学合理的空间规划和资源利用，创造出满足人类需求且具有可持续性的环境。其内涵涉及自然环境与人工环境的协调统一，强调生态平衡和资源循环利用。环境设计需要考虑到环境的物理特性、生态系统的健康以及人类活动的影响，旨在打造一个既能提供舒适生活条件，又不破坏生态环境的空间。在此过程中，设计师必须具备广博的知识和深厚的专业素养，能够将科学技术与艺术创造有机结合，最终实现人与自然的和谐共存。

（四）环境设计源于人的需求

环境设计的出发点和归宿都是人类的需求，无论是生理需求、心理需求还是社会需求。设计的初衷在于通过优化环境，使人们的生活、工作和休闲更加舒适和高效。这一过程不仅涉及物质层面的满足，更要关注人的精神层面和情感体验。人们对环境的需求是多样且动态变化的，这要求设计师在设计过程中始终保持对人的关注，能够灵活应对各种变化和挑战。在不断变化的社会背景下，环境设计必须以人为本，尊重个体差异，关注多样性和包容性，才能真正满足人类的多重需求。

（五）环境设计是人与环境的优化、协调

1. 回归自然

环境设计中回归自然的理念强调通过引入自然元素和生态设计，营造出一个能够让人们身心愉悦的环境。现代社会的快速发展和城市化进程使人与自然之间的联系日益疏远，这不仅影响了人们的生活质量，也对生态环境造成了巨大压力。环境设计的任务之一便是通过科学合理的规划和设计，将自然元素如植物、水体和自然光线重新融入人们的生活空间，打造一个能够促进身心健康的生态环境。回归自然不仅是对传统生活方式的回归，更是对未来可持续生活方式的探索和实践。

2. 高情感、高享受

环境设计不仅要满足基本的功能需求，还应注重提升空间的情感价值和用户的享受体验。在设计过程中，通过色彩、材质、光影等元素的巧妙运用，可以创造出丰富的视觉和触觉体验，

使人们在使用空间时感受到深层次的情感共鸣。高情感和高享受的设计理念强调人性化和个性化，通过精细的设计细节和独特的空间氛围，使人们在使用空间时不仅获得物质上的满足，更能感受到精神上的愉悦和满足。这种设计理念的核心在于关注用户的情感需求，追求功能与美学的完美结合，使环境设计真正成为提升生活品质的重要手段。

二、环境设计的基本特征

（一）多功能的综合特征

对于环境设计功能的理解，人们通常仅停留在实用的层面上。但除了实用因素外，环境设计还有信息传递、审美欣赏、历史文化传播等性质。环境设计是对多功能（需求）的一种解决方式。

（二）多学科的相互交叉特征

“环境设计”长期以来就属于一个复合型的概念，较难辨析。环境艺术是一种综合的、全方位的、多元的存在，比城市规划更广泛、更具体，比建筑更深刻，比纯艺术更贴近生活，其构成因素是多方面的，也是十分复杂的。因此，一位合格的环境设计师掌握的知识应包括地理学、生物学、建筑学、城市规划学、城市设计学、园林学、环境生态学、人机工程学、环境心理学、美学、社会学、史学、考古学、环境行为学、管理学等学科。

（三）多要素的制约和多元素的构成特征

构成室外环境及室内环境的要素很多，室外环境最主要的要素为建筑物，此外还有道路、草坪、花坛、水体、室外设施、公共艺术品等；室内环境则包括声、光、电、水、暖通、空间界面设计、装饰装修材料、家具软装等。环境设计涉及范围较广，制约要素较多。

（四）公众共同参与的特征

环境设计师设计的仅仅是一个方案，如果实施建造出来，便是一处场所；场所长期得不到使用，就成了废墟。因此，只有公众的参与才能让环境设计变得完整。

三、环境设计的基本内容

（一）自然环境设计

自然环境设计通过巧妙地结合自然元素和人类活动空间，旨在创造一个和谐共生的生态环境。在这一设计过程中，设计师不仅要充分利用地形、气候、水文等自然条件，还需关注生态系统的稳定和生物多样性的维护，通过科学规划和设计，能够有效保护和恢复自然景观，促进生态平衡。此外，设计师应当考虑如何在有限的空间内最大化自然资源的利用，如通过植被的合理配置和水资源的优化管理，来改善微气候、降低城市热岛效应，并提升空气质量。这种设计理念强调人与自然的互动和共生，使人们在日常生活中能够更好地亲近自然、感受自然，从而提升整体生活质量和生态意识。

（二）建筑形态设计

建筑形态设计不仅关注建筑物的美观和结构，更注重其功能性和环境适应性。设计师在进行建筑形态设计时，需要综合考虑建筑物的空间布局、结构安全性、材料选择以及与周边环境的协调性。通过创新的设计理念，建筑形态可以突破传统的框架，创造出独特的视觉效果和空间体验。同时，建筑形态设计还需考虑可持续发展的原则，采用绿色建筑材料和节能技术，以减少能源消耗和环境污染。此外，建筑形态的设计应当体现地域文化和历史特色，使建筑不仅成为功能空间，更成为文化和历史的承载体和表达者。通过这些多方面的考量和设计，建筑形态能够在美观和功能之间找到最佳平衡点，创造出具有高度艺术性和实用性的建筑作品。

（三）绿地系统设计

绿地系统设计致力于通过系统化的规划和布局，为城市注入绿色活力，提升城市的生态功能和生活品质。在这一设计过程中，设计师需要综合考虑城市人口密度、土地利用情况、生态环境现状等因素，通过科学的规划和布局，创建多层次、多功能的绿地系统。绿地系统不仅包括大型公园和公共绿地，还涵盖街道绿化、社区绿化、屋顶绿化等多种形式，通过立体绿化和垂直绿化的手段，最大化地利用有限的城市空间。设计师还需关注绿地系统的连通性和网络化，通过绿廊、绿道的设计，形成一个互联互通的绿色网络，为城市生物提供栖息地和迁徙通道，提升城市的生态稳定性和生物多样性。通过精心设计的绿地系统，城市不仅能够提升环境质量，还能为居民提供丰富的休闲、娱乐和运动空间，促进身心健康和社会和谐。

（四）城市环境设施与建筑小品设计

城市环境设施与建筑小品设计在城市环境中起着重要的功能和美化作用。设计师在这一过程中，不仅要考虑这些设施和小品的实用功能，还需注重其艺术价值和文化内涵。通过对细节的精心雕琢和创新设计，这些设施和小品能够为城市环境增添独特的魅力和风景线。在设计城市环境设施时，设计师需关注其人性化和易用性，确保其能够满足居民的日常需求，同时融入城市的整体风格和氛围。建筑小品，如雕塑、纪念碑和装饰物，则需要通过独特的艺术表达，反映城市的历史、文化和精神风貌。设计师在创作过程中，需结合现代艺术手法和材料科技，创造出既具有时代感，又能与城市历史文化相呼应的作品。通过精致设计的城市环境设施和建筑小品不仅提升了城市的视觉美感，还增强了城市的文化底蕴和居民的归属感。

四、环境设计的类别划分

（一）室内环境设计

室内环境设计，也称室内设计，即以创新的四维空间模式进行的艺术创作，是围绕建筑物内部空间而进行的环境艺术设计。室内环境设计是根据空间使用性质和所处的环境，运用物质技术手段，创造出功能合理、舒适美观、符合人的生理和心理要求的理想场所的空间设计，旨在使人们在生活、居住、工作的室内环境空间中得到心理上、视觉上的和谐感与满足。室内环境设计的关键在于塑造室内空间的总体艺术氛围，从概念到方案，从方案到施工，从平面到空间，从装修到陈设等一系列环节，融会成一个符合现代功能和审美要求的高度统一的整体。

1. 室内环境设计的内容

室内的空间构造和环境系统，是设计功能系统的主要组成部分，建筑是构成室内空间的本体。室内环境设计是从建筑设计延伸出来的一个独立门类，是发生在建筑内部的设计与创作，始终受到建筑的制约。

因此，室内环境设计必须依据建筑物的使用性质、所处环境和相应的标准，运用物质技术手段，创造出功能合理、舒适优美、满足人们精神生活需要，又不危及生态环境的室内空间。

空间限定的基本形态有六种：一是围，创造了基本形态；二是覆盖，垂直限定高度小于限定度；三是凸起，有地面和顶部上、下凸起两种；四是与凸起相反的下凹；五是肌理，用不同材质抽象限定；六是设置，是产生视觉空间的主要形态。

在室内环境设计中，空间实体主要是建筑的界面。界面的效果由人在空间中的流动形成的不同视觉感受来体现，界面的艺术表现以人的主观时间延续来实现。

2. 室内环境设计的任务

室内环境设计的任务主要有以下三个。

第一，室内环境设计要体现“以人为中心”的设计原则，体现人体工程学的规律，满足人生活与工作和心理的需求。“满足”包含“适应”和“创造”双重含义，一种需求得到满足后，新的需求会随之产生，它需要在掌握现有需求信息的基础上对潜在需求进行合理的和科学的推断、预测，以满足潜在的需求。因此，创造需求包含丰富的可能性、可预见性、前瞻性。

第二，室内环境设计要科学地、合理地组织和分配空间，将室内环境尺度、比例导向与形态进行周密的安排，考虑空间与环境的关系。为达到建筑功能的目标，正确地使用物质要素在原始空间未经加工的自然空间和原有空间中进行领域的设置。

第三，把功能与形式很好地统一，塑造出室内空间的整体艺术氛围。在实体设计中，要从美学角度考虑地面、梁柱、门窗、家具等的布置，以及布幔、地毯、灯具、花卉植物和艺术品的陈设等问题。而在虚拟空间设计中，要精心考虑所有空间的组合以及艺术方面的效果，使室内环境既具有使用价值，同时也反映历史文脉建筑风格、环境气氛等多种效应。

（二）建筑环境设计

建筑是建筑物与构筑物的统称。建筑是人们用泥土、砖、瓦、石材、木材，以及钢筋混凝土、型材等建筑材料构成的一种供人居住和使用的空间，如住宅房屋、公共建筑、寺庙碑塔、桥梁隧道等。

1. 建筑环境设计的特点

（1）实用性和审美性

建筑环境是体现人工性特点的生活空间，它从根本上提供了人的居住、活动场所。这是最现实也是最基本的特点。人类居住、活动最具实用性的需求首先是坚固、耐用和历久弥新，并且它紧紧联系着建筑本身的美观。现代人更需要愉悦、舒适的生活空间，它的形式美驱动的审美反应，使建筑在内外装饰、平面布局、立面安排、空间序列建立起美的形式语言，以满足人们精神上的需要。

（2）技术性

这种技术性在本质上不同于其他艺术所指的“技巧”，而是一种科学性的概念。每一个时代都是根据特定的技术水平来建筑的，科学技术的进步为建筑艺术的发展提供了可能。现代工程学已经研究出一百多年前根本无法想象的建筑方法，当今城市空间的立体化环境设计技术的崛起，明显地给建筑设计带来了一个区别于其他艺术的重要表征。

（3）建筑物与自然环境的紧密相连性

建筑物始终与一定的自然环境不可分离。建筑一经落成，就成为人类环境中的一个硬质实体，同时一定的人文景观也影响建筑风貌。任何一座建筑的设计都必须考虑到它的背景，以适应公众对整个环境评价的需求。建筑的艺术性要求建筑与周围的环境互相配合，融为一体，构成特定的以建筑为主体的艺术环境。

2. 建筑环境设计的依据

对于建筑环境设计来说，人体工程学是其主要依据。另外，家具、设备尺寸及使用它们所需活动的空间尺寸，是考虑房间内部面积的主要依据。

此外，温度、湿度、日照、雨雪、风向、风速、地形、地质条件和地震烈度以及水文条件等物理数据也是设计的重要依据。

（三）城市规划设计

城市是人类物质条件发展到一定阶段的产物。现代城市规划研究城市的未来发展、城市的合理布局和城市各项工程建设的综合方案。一定时期内城市发展的蓝图，是城市管理的重要组成部分，是城市建设和管理的依据，也是城市规划、城市建设、城市运行三个阶段管理的龙头。

1. 城市规划设计的作用

城市是人类文明与文化的象征，各个时代城市规划的目的有所不同。影响城市规划设计的因素有很多，主要是经济、军事、政治、卫生、交通、美学等。古代城市规划设计多受防卫等因素的影响，现代城市规划设计则多受社会经济的影响，使城市变得愈加复杂。

现代城市工作是一个系统工程，需要统筹规划、建设、管理三大环节，提高城市工作的系统性，要用科学的态度、先进的理念、专业的知识去规划、建设、管理城市。城市工作要树立系统思维，从构成城市诸多要素、结构、功能等方面入手，对事关城市发展的重大问题进行深入研究和周密部署，系统地推进各方面工作。

一般来说，城市规划体系是由城市规划的法规体系、行政体系和运行体系三个子系统组成的。城市规划的法规体系是城市规划的核心，为城市规划工作提供法律基础和依据，为城市规划的行政体系和运行体系提供法定依据和基本程序；城市规划的行政体系是指城市规划行政管理的权限分配、行政组织架构及行政过程的全部，对规划的制订和实施具有重要的作用；城市规划的运行体系是指围绕城市规划工作建立起来的工作结构体系，包括城市规划的编制和实施两部分，它们是城市规划体系的基础。

城市规划设计是城市规划运行体系的重要组成部分，是政府引导和控制未来城市发展的纲领性文件，是指导城市规划与城市建设工作开展的重要依据。具体而言，城市规划设计主要有以下三个方面的作用。

（1）发挥对城市有序发展的计划作用

城市规划从本质上讲是一种公共政策，是政府通过法律、规划和政策以及开发方式对城市长期建设与发展的过程所采取的行动，具有对城市开发建设导向的功能。城市规划设计作为技术蓝本，根据城市整体建设工作的总体设想和宏伟蓝图来制订和执行，并结合城市区域内的政治、经济、文化等实际情况将不同类型、不同性质、不同层面的规划决策予以协调并具体化，以有效保证城市整体建设的秩序。

（2）发挥对城市建设的调控作用

城市规划在经过相当长历史阶段的发展过程之后，通过理性主义思想在社会领域的整合，已经成为城市政府重要的宏观调控手段。对城市空间的建设和发展更是保证城市长期有效运行和获益的基础。城市规划设计是城市规划宏观调控的依据，其调控作用主要体现在以下几点：①对城市土地使用配置的合理利用，即对城市土地资源的配置进行直接控制，特别是对保障城市正常运转的市政基础设施和公共服务设施建设用地的需求予以保留和控制。②在市场经济体制下，城市的存在和运行主要依赖市场。市场不是万能的，在市场失灵的情况下，处理土地作为商品而产生的外部性问题，以实现社会公平。③保证土地在社会总体利益下进行分配、利用和开发。④以政府干预的方式保证土地利用符合社会公共利益的需要。

（3）发挥对城市未来空间营造的指导作用

城市规划设计的主要研究对象是以土地为载体的城市空间系统，规划设计以城市土地利用配置为核心，建立城市未来的空间结构，限定各项未来建设空间的区位和建设强度，使各类建设活动成为实现既定目标的实施环节。通过编制城市规划设计，对城市未来空间营造在预设价值评判下进行制约和指导，成为实现城市永续发展的有力工具和手段。

2. 城市规划设计的内容

（1）城市总体规划

城市总体规划，是对城市各项发展建设目标的整体策划和建筑环境的整体布局。城市总体规划包括规划城市性质、人口规模和用地范围，拟定工业、文教、行政、道路、广场、交通、环境保护、园林绿地、商业服务、给水排水、电力通信等公共设施的建设规模及其标准与要求；确定城市布局和用地的配置，使之各得其所，互补发展，充分发挥综合效能。城市总体规划还应注意保护和改善城市的生态环境，防止污染和公害，保护历史文化遗产、城市传统风貌、地方特色和自然景观。

城市总体规划的中心内容是城市发展依据的论证、城市发展方向的确定、人口规模的预测、城市规划定额指标的选定、城市征地的计划、城市布局形式与功能分区的确立、城市道路系统与交通设施的规划、城市工程管线设计、城市活动及主要公共设施的位置规划、城市园林绿地系统的规划、城市防震抗灾系统的规划、市郊及旧城区改造的规划、城市开放空间规划以及近期建设及总投资估算、实施规划的步骤和措施等。另外，总体规划的内容必须附有相应的设计图纸、图表与文件资料。总体规划是一项长远的为合理开发奠定基础的系统工程。

（2）城市设计

城市设计是将城市规划设计的目标具体化，是从城市空间和环境质量等方面入手，着重打造城市视觉景观与环境，直接通过营造环节，落实空间的意向设计及景观政策。通常建筑单体构成不能全面顾及城市环境的整体层次，而城市规划又仅仅从经济区域的层面出发，将重点放在城市土地开发利用的行政性控制管理上。两者间的偏离和分化往往导致城市环境的危机，而现代的环境设计填补了这一空缺。

（3）城市详细规划设计

城市详细规划设计是根据总体规划的各项原则，对近期建设的工厂、住宅、交通设施、市政工程、公用事业、园林绿化、商业网点和其他公共设施等做具体的布置，以此作为城市各项工程设计的依据，规划范围可整体、分区或分段进行。其具体内容有居住区内部的布局结构与道路系统，各单位或群体方案的确定，人口规模的估算，对原建筑的拆迁计划与安排，公共建筑、绿地和停车场的布置，各级道路断面、标志及其旁侧建筑、红线的划定，市政工程管线、工程构筑物项目的位置及走向布置，竖向规划及综合建筑投资估算等。

第二节　环境设计的原则与要素

一、环境设计的原则

（一）场所性原则

所谓场所，是被社会活动激活并赋予了适应行为的文化含义的空间。场所和空间的不同之处在于，场所除了具有空间特征之外，还蕴含着社会价值和文化价值。我们生活、栖居于各类场所中而非单纯的空间里，一个空间只有被赋予一定的意义和秩序，才能成为一个场所。场所提供各种服务、线索并规范我们的社会行为。

一个场所除了分享一些人所共知的社会背景和引导人的共性行为外，还具有其独特性，没有相同的两个场所，即使这两个场所看上去很相似。这种独特性源自每个场所不同具体位置及该场所与其他社会、空间要素的关系。尽管如此，场所与场所之间仍然在物质上和精神意义上有联系。

综上所述，场所不仅指物质实体、空间外壳这些可见的部分，而且包括不可见的，但是确实在对人有影响的部分，如氛围、环境等，它们是作用于人的视觉、听觉、触觉和心理、生理、物理等方面的诸多因素。一个好的物质空间是一个好的场所的基础，但并不是充分的条件，而且设计的目的不仅是创造一个好的物质空间，更是创造一个好的精神空间，即给人以场所感。场所感包括经验认知和情感认知。经验认知是对空间整体感、方位感、方向感、领域感的认识，是对整体形象特征的清晰把握，它包括空间道路的组织和走向、范围和主体轮廓线、建筑与空间、标志性建筑、步行空间的导向性、环境小品的细节等。情感认知是对空间美感、文化感、历史感、特色感、亲和感、归属感的认知，空间环境和形象规划设计在满足美学特征的同时，要保留历史的演变，保持自身的特色。总之，环境设计是建造场所的艺术设计。

（二）地方性原则

从宏观上看，环境艺术从一个侧面反映当时、当地的物质生活和精神生活特征，铭刻着独特的历史印记。现代环境艺术更需要强调自觉地在设计中体现和强调地方特征，主动地考虑满足不同地域条件、气候特征条件下生活活动和行为模式的需要，分析具有地方性特征的价值观和审美观，积极采用当代的先进技术手段。

同时，人类社会的发展，无论是物质技术的还是精神文化的，都具有历史延续性。追随时代和尊重历史，就其社会发展的本质而言是统一的。在环境设计中，在生活居住、旅游休息和文化娱乐等类型的环境里，都有因地制宜地采取具有民族特点、地方风格、乡土风味，充分考虑历史文脉延续和发展的设计。应该指出，这里所说的历史文脉，并不能简单地只从形式、符号来理解，而是广义地涉及布局和空间组织特征，甚至涉及设计哲学、创作思想和观点等较抽象的精神层面。

（三）以人为本原则

环境设计师无论是在设计开始时还是在设计的过程中，抑或在设计结束时乃至在设计的后期管理上，无不体现着以人为本的理念。在设计开始时，需要分析和考虑现状，使设计功能完整，符合要求；在设计的过程中，每个环节都需要以人的需求为原则进行设计，分析人群构成、年龄层次、文化背景等；在设计的后期管理上，维护和管理是甲方和管理人员需要关心的问题。所有这些都与设计者、使用者息息相关。

（四）持续发展原则

自然环境的设计时常被称为“环境设计”，所以环境设计也因此常常被误解为生态环境设计。这种情形对新兴的环境设计专业来说是限制也是机会。一方面，作为设计学科里的一个分支，明确的定义和工作范畴是必要的；另一方面，生物、生态、环境的设计毫无疑问正在渗入所有的设计领域，并成为设计界关注的焦点。

一直以来，对环境的关注和设计被认为是环境专家和专门研究环境的设计师的事情，有的认为这需要造价昂贵的技术支持，有的认为这是一种风格而予以抗拒。事实上，可持续设计不是一种风格，不应华而不实，而是一种对设计实践系统化的管理和方法，以达到良好的环境评价标准。传统的村落依山傍水，结合利用地形地势，居民建筑对当地气候的适应，都是人类有意或无意地利用持续设计原则的范例。每一个设计师都必须拥有持续设计的常识态度。

（五）尺度人性化原则

现代城市中的高楼大厦、巨型多功能综合体、快速交通网，往往缺乏细部，背离人的尺度。

今天我们建成的很多场所和产品并不能像它们应该做到的那样——很好地服务于使用者，使其感觉舒适；相反，在现今的建成环境里，我们总是不断地受累于超尺度、不适宜的街道景观、建筑以及交通方式等。很多人在未经过现代设计和发展的历史古城里流连忘返，就是因为古城提供了一系列当代设计所未能给予的质量，其中的核心便是亲切宜人的尺度。江南水乡、皖南民居和欧洲中世纪的古城如威尼斯等，是人性化的尺度在环境设计上成功的典范。同样，平易近人的街巷尺度使法国首都巴黎、瑞士首都伯尔尼在拥有现代化的同时保留了无比的魅力。

（六）尊重人文历史原则

环境设计将人文、历史、风情、地域、技术等多种元素与景观环境融合。例如，在众多的城市住宅环境中，可以有当地风俗的建筑景观，可以有异域风格的建筑景观，也可以有古典风格、现代风格或田园风格的建筑景观，这种丰富的多元形态体现了更多的内涵与神韵，如典雅与古朴、简约与细致、理性与狂放。因此，只有环境设计尊重了人文历史原则，才能使城市的环境更加丰富多彩，使居民在住宅的选择上有更大的余地。

（七）使用者参与和整体设计原则

1. 使用者参与

环境是为人所使用的设计。设计与使用的积极互动有助于提升环境艺术设计的质量。一方面，环境设计要创造的是一个具有吸引力的、令人舒适愉悦的场所；另一方面，使用者的参与进一步影响着环境设计和建成空间的使用。这种活动的公共性直接影响了设计师的思路和建成环境的管理使用模式。

建成环境从本质上应该提供使用者民主的范围、最大的选择性，为使用者创造丰富的选择机会，鼓励使用者参与，这样的环境才具有活力，才能引起使用者的共鸣。因此，设计不仅是为机动车的使用者提供方便，也应为步行者提供适宜的场所，后者主要体现在人性化的尺度和范围上。

2. 整体设计

环境设计，尤其是城市公共环境设计，使用者应该包括各类人士、社会的各个阶层，特别应该关注长久以来被忽视的弱势群体。设计师的设计既要考虑到为正常人提供便利、舒适、体贴的室内外环境，更要考虑在这些环境中的特殊人群。整体设计包含并且扩展了这一目标。整体设计为整个人的一生设计，服务与环境相联系的所有设计原理。

（八）科学、技术与艺术结合原则

环境设计的创造是一门工程技术性科学，空间组织手段的实现必须依赖技术手段，要依靠对各种材料、工艺、技术的科学运用，才能圆满地实现设计意图。这里所说的科技性特征包括结构、材料、工艺、施工、设备、光学、声学、环境保护等方面。在现代社会中，人们的居住要求越来越趋向于高档化、舒适化、快捷化、安全化，因此在居住区室外环境设计中出现了很多高新科技，如智能化的小区管理系统、电子监控系统、智能化生活服务网络系统、现代化通信技术等，而层出不穷的新材料使环境设计的内容在不断地充实和更新。

环境设计作为一门新兴的学科，是科学、技术和艺术相结合的产物。它一步到位地把实用功能和审美功能作为有机的整体统一了起来。环境设计是一个大的范围，综合性很强，是指环境艺术工程的空间规划、艺术构想方案的综合计划，其中包括环境与设施计划、空间与装饰计划、造型与构造计划、材料与色彩计划、采光与布光计划、使用功能与审美功能的计划等。

（九）尊重民众，树立公共意识原则

环境设计的工作范畴涉及城市设计、景观和园林设计、建筑与室内环境设计的有关技术与艺术问题。环境设计师从修养上讲应该是一个“通才”，除了应具备相应专业的技能和知识（城市规划、建筑学、结构与材料等），更需要深厚的文化与艺术修养。任何一种健康的审美情趣都是建立在较完整的文化结构（文化史的知识、行为科学的知识）上的。

与设计师艺术修养密切相关的还有设计师自身的综合艺术观的培养、新的造型媒介和艺术手段的相互渗透。环境设计使各门类艺术在一个共享空间中向公众同时展现。设计师必须尊重民众，树立公共意识原则，具备与各类艺术交流沟通的能力，必须热情地介入不同的设计活动，处理有关人们的生存环境质量的优化问题。与其他艺术和设计门类相比，环境设计师更是一个系统工程的协调者。

二、环境设计的构成要素

（一）功能要素

1. 实用功能

环境设计中实用功能的实现，依赖对空间使用需求的精确把握和科学规划。设计师必须深入研究使用者的行为模式，精心设计空间的布局和动线，以确保每一处细节都能够服务于使用者的需求。这一过程不仅涉及物理空间的合理配置，还包括设施的选择和安排，力求在最大化

空间利用率的同时，提供便利和舒适的使用体验。实用功能的优化，需要设计师具备严谨的逻辑思维和细致的观察力，通过不断的调整和优化，最终实现空间的高效和人性化。

2. 认知功能

认知功能在环境设计中，着重于提升空间的可识别性和导向性。通过对色彩、形态和材质的巧妙运用，设计师能够引导使用者的视觉焦点，帮助他们更好地理解和记忆空间布局。认知功能不仅体现在视觉引导系统的设计上，还包括信息传达的清晰性和符号系统的合理性。在设计过程中，设计师需综合考虑使用者的认知心理和行为习惯，通过科学的设计手段，创造出一个易于识别和导航的空间环境，从而提升整体使用体验。

3. 象征功能

象征功能赋予环境设计以深刻的文化内涵和历史意义。设计师通过对符号、图案和形态的运用，传递特定的文化价值和社会意义，使空间成为文化表达的重要载体。在象征功能的设计中，设计师需具备深厚的文化底蕴和敏锐的艺术感知力，通过精心选择的设计元素和创新的表达方式，赋予空间象征性和纪念性。象征功能不仅提升了空间的文化厚度，还能够引发使用者的情感共鸣和历史记忆，使环境设计超越了实用功能，成为文化和艺术的承载体。

4. 审美功能

审美功能在环境设计中，通过色彩、材质和光影的运用，创造出富有艺术感染力的空间效果。设计师在进行审美功能的设计时，不仅需要考虑空间的美观度，还需关注其对使用者情绪和心理的影响。通过对设计细节的精雕细琢，设计师能够打造出既具视觉冲击力又具舒适体验的空间环境。审美功能的实现，是对设计师艺术修养和创意能力的综合考验，它不仅提升了空间的整体品质，还能带给使用者愉悦的视觉体验和心理满足，从而全面提升环境设计的价值。

（二）形式要素

1. 形态

在环境设计中，形态的设计通过空间的几何构造和物理布局，创造出令人难忘的视觉体验。形态不仅是关于空间的外观，更是关于空间如何与人互动。设计师需要深入理解建筑和自然元素之间的关系，通过创新的形态设计，打破传统的设计框架，创造出既具视觉冲击力又符合功能需求的空间。形态的多样性和复杂性，反映了设计师对空间结构和美学的深刻理解，使每一个形态都成为设计语言的一部分，讲述着空间的独特故事。

2. 色彩

色彩作为环境设计中的核心元素，通过视觉传达不同的情感和氛围。设计师在选择色彩时，不仅需要考虑其美学效果，更要关注色彩的心理影响。不同的色彩能够激发不同的情感反应，暖色调可以创造出温馨的氛围，而冷色调能够营造出宁静的环境。色彩的运用需要精准且有策略，设计师通过对色彩的深刻理解和巧妙搭配，使空间焕发出独特的魅力和个性。色彩不仅是装饰的工具，更是设计师表达空间意图和情感的有力手段。

3. 肌理

肌理在环境设计中，通过材料的表面特征和处理工艺，赋予空间丰富的触觉和视觉体验。设计师需要精心选择和组合不同的材料，通过细腻的肌理处理，增强空间的层次感和真实感。肌理不仅是视觉上的效果，更是触觉上的享受，通过不同材质的触感，使空间更加生动和具象。设计师在肌理的设计中，强调自然和人工之间的微妙平衡，利用材料的本真特性和现代工艺，创造出既具艺术美感又具功能性的设计作品。肌理的细致入微，让每一处空间都充满质感，使环境设计达到新的艺术高度。

（三）经济要素

1. 经济目的

环境设计将材料、技术、人力、时间和财富结合起来，实际上是一种策划活动，最终并不是以生产出某个产品为目的，而是把生产出来的产品投入实际生活之中，服务于广大民众，迎合民众的多种需求。不单是基本生存需求，还包括多种多样的生理、心理、物质、精神方面的需求。实际上，环境设计的定义远不止于此，还应该继续拓展，包括在不损害他人利益、遵纪守法、可实现的条件下的理想和需求。

2. 商品属性

环境设计的成果具有商品属性，主要是指环境设计创新活动的成果及方案具有商品属性。所有应用类的设计学科的结果都应当面向人民群众和经济市场，接受人民群众和经济市场的考验。与其他普通商品不同的是，环境设计的美学、人文关怀等特征是在此过程中使用的必要方法，所产生的影响才是最终的成果。

3. 生产特征

环境设计的成果具有商品属性，也是一种特殊的商品。社会生产在经济学理论中的标准含义是指人们创造物质资源的过程，或者将生产要素分解后再重组成新的生产活动，或即将投入转化为产出的活动。

第三节　环境设计的基础与程序

一、环境设计的理论基础

（一）技术生态学

技术生态学包括两个方面的内容：一是环境生态，二是科学技术。技术生态学要求在发展科学技术的同时密切关注生态问题，形成以生态为基础的科学技术观。

科学技术的进步直接促进了社会生产力的提高，推动了人类社会文明的进步，而且给人类的生存环境带来了前所未有的、翻天覆地的变化。就环境艺术而言，新的科学技术带动了建筑材料、建筑技术等日新月异的发展，并为环境艺术形象的创造提供了多种可能性。任何事物的发展都具有两重性，技术的进步也同样如此。科技的进步解决了人类社会发展的主要问题，但在解决问题的同时也带来了另一个问题，这就是生态被破坏。

人们要正确处理技术与人文、技术与经济、技术与社会、技术与环境等各种矛盾关系，因地制宜地确立技术和生态在环境设计中的地位，并适当地调整它们之间的关系，探索其发展趋势，积极地、有效地推进技术的发展，以求得最大的经济效益、社会效益和环境效益。

（二）建筑人类学

环境设计是与社会密切相关的应用学科，它的主要代表是建筑，最集中地反映了人类在社会进展中改造世界时思想、观念、方法的转变，从而带来的文化改变。因此，在了解建筑人类学之前，我们先要了解它的先前学科——文化人类学。

文化人类学是研究社会文化现象的学科，它以事物表现的“果”为观察分析的对象，找到“果”形成的“因”，为实践工作奠定理论基础，因此文化人类学为众多应用学科提供了重要理论参考，特别在建筑的历史理论研究和建筑创作领域，为其提供新的思考维度。文化人类学是对人类传统的观念、习俗（思维方式）及其文化产品研究的学科，早期着重研究原始人类社会的状况。随着各国文化人类学研究的不断深入，它已突破原有研究范畴，拓展到其他社会和自然科学领域，对其他学科产生了深刻的影响，建筑学便是其中之一。运用文化人类学的理论和方法，分析习俗与建筑、文化模式与建筑模式、社会构成与建筑形态之间的关系，从而说明建筑人类学的定义。

由此可见，建筑人类学就是将文化人类学的研究成果和方法应用于建筑学领域，即不仅研究建筑自身，关键在于研究建筑的社会文化背景。建筑的问题必须从文化的角度去研究，因为建筑是在文化的土壤中培养出来的，同时作为文化发展的进程，并成为文化的具体表现，建筑的建造和使用离不开人类和人类的活动。因此，应当从人的角度、从文化进化的高度来审视建筑的内在价值和意义。

（三）环境行为心理学

1. 感觉

感觉作为心理学的重要组成部分，是人类感知外界环境的基本过程。通过感觉器官，如视觉、听觉、触觉等，个体能够接收外界的物理刺激，并将其转化为神经信号，传递给大脑进行处理。在环境设计中，对感觉的研究有助于理解不同环境刺激如何影响人的感官体验。设计师通过合理运用光线、色彩、声音和触觉材料，能够调节和优化空间环境，使之更符合人类的感官需求。感觉不仅是环境设计的基础要素，更是创造舒适和健康环境的重要手段。

2. 知觉

知觉是将感觉信息整合并赋予意义的过程，它决定了人们如何理解和解释周围的世界。在环境设计中，知觉研究尤为重要，因为它影响了个体对空间的理解和反应。设计师需要考虑知觉的基本原理，如形状、大小、颜色和空间关系等，通过设计手段增强或改变使用者对空间的感知。例如，通过视觉引导和空间布局，设计师可以影响人们的动线和行为模式，提升空间的功能性和舒适度。知觉不仅影响个体对空间的直接体验，还涉及深层次的心理反应和情感体验。

3. 认知

认知是指人类获取、处理和储存信息的过程，它包括注意、记忆、思维和决策等多个方面。在环境设计中，认知心理学帮助设计师理解用户如何与环境互动和交流。设计师通过研究认知过程，能够创建出更加符合用户需求和行为习惯的空间。认知不仅是信息处理的过程，它还涉及个体对环境的理解和适应。通过优化环境中的信息传递方式，如清晰的标识系统和合理的空间布局，设计师可以有效地提升用户的认知效率和环境满意度。认知研究为环境设计提供了科学依据，使设计更加人性化和智能化。

（四）环境美学

环境美学着重于通过精心设计，创造出既具功能性又富有艺术魅力的空间。设计师在环境美学中，需全面考虑色彩、形态、光影和材质的运用，通过这些元素的协调组合，打造出视觉和谐、层次丰富的空间效果。环境美学不仅关注视觉的美感，更注重空间的情感表达和氛围营造，使人在环境中感受到心灵的愉悦和平静。设计师通过对空间细节的精雕细琢，将艺术理念与实用功能相结合，使每一个设计元素都能为整体美感服务。环境美学还强调文化与自然的融合，设计师通过巧妙地将地域文化和自然元素融入设计，赋予空间独特的文化底蕴和艺术价值。通过这种多层次的设计手法，环境美学不仅提升了空间的视觉效果，还增强了环境的文化内涵和人文关怀，使环境设计真正成为艺术与生活的完美结合。

（五）人体工程学

1. 人体工程学的概念

人体工程学（Human Engineering）也称人类工程学、人机工程学或工效学（Ergonomics），“Ergonomics”一词来源于希腊文。

人体工程学有不同的含义。一般而言，它是指研究人的工作能力及其限度，使工作更有效地适应人的生理和心理特征的科学。国际工效学联合会（International Ergonomics Association，IEA）的会章中把工效学定义为，这门学科是研究人在工作环境中的解剖学、生理学等诸方面的因素，研究人—机器环境系统中交互作用着的组成部分（效率、健康、安全、舒适等）在工作条件下、在家庭中、在休假的环境里，如何达到最优化的问题。

人体工程学是一门技术科学，今天的人体工程学已广泛地应用于生活环境和工作条件的改善、安全性的确保等多个领域。我们所能涉及的绝大部分设计都是以人为出发点的。任何产品的产生和室内外环境的创造都是为人所使用的，因此，从环境设计和室内环境设计的专业角度出发，我们可以把人体工程学理解为研究人与工程系统及其环境相关的科学。

2. 人体工程学的发展

人体工程学起源于欧美国家，是 20 世纪 40 年代后期发展起来的一门技术科学，早期的人体工程学主要研究人和工程机械的关系，即人—机关系。其内容有人体结构尺寸和功能尺寸，操纵装置、控制盘的视觉显示，涉及生理学、人体解剖学和人体测量学等。

人体工程学是在人类长期的生活实践中发展起来的。从人类文明诞生之日起，原始人用石器和木棒捕捉猎物，早期生产工具的制造和使用，历代的各种器物、家具、建筑，都存在着人体工程学的应用问题。

人体工程学对建筑设计、环境艺术设计、室内环境设计的影响非常深远，它对提高人们的环境质量，有效地利用空间，如何使人对物（家具、设备等）操作简便、使用合理等方面起着不可替代的作用。人体工程学运用人体计测，生理、心理计测等手段和方法，研究人体的结构、功能、尺寸，心理、力学等方面与室内环境之间的合理协调关系，以符合人的身心活动要求，取得最佳使用效果，从而获得安全、健康、高效和舒适为目标。

二、环境设计的基本程序

环境设计是一项复杂而系统的工程，在设计中涉及业主、设计人员、施工单位等各个方面，涉及各种专业的协调配合，如建筑、结构、电气、排水、园艺等各种行业，同时还要得到并通过有关政府职能部门的批准和审查。为了使环境设计的工作顺利进行，必须要确立一个很好的程序，不过由于环境设计的复杂性和系统性，目前对环境设计程序的分解还没有得出一个完整的一致性意见，也不可能达到绝对一致。

环境设计的一般程序包括设计和施工两个步骤，细分为：设计筹备、概要设计、设计发展施工图与细部详图设计、施工建造与施工监理、用后评价及维护管理等阶段。

（一）设计筹备

1. 业主沟通

和业主沟通是环境设计的第一步，也是十分重要的一步。与业主先进行沟通和了解，对业主的爱好要求加以合理的配合与引导，对业主的设计要求进行详细确切的了解。其内容包括环境设计的规模、使用对象、建设投资、建造规模、建造环境、近远期设想、设计风格、设计周期和其他特殊要求等。调查过程中要做详细的记录以便通信联系，商讨方案和涉及查找。与业主接触的方式有很多种，可以采取与甲方共同召开联席会的形式，把对方的要求记录下来。调查会有可能进行多次，而且每次都必须把更改的内容记录下来，这些成果可以同业主提出的设计要求一同作为设计的依据。如果有必要，商谈设计费用并达成初步协议，以避免日后误解而引发诸多合作上的问题，甚至引起法律诉讼问题等。

2. 收集信息

项目确立之后，设计者首先必须了解和掌握各种有关的信息和要求，主要包括两部分。

（1）相关的政策法规、经济技术条件

例如，城市规划对环境设计的要求，包括用地范围、建筑高度和密度的控制等；政府部门指定的有关防火和卫生等方面的标准，市政府部门对环境场所形成风格方面的规定，有关方面所提供的资金、材料、技术和设备等。

（2）基地状况

收集关于基地地形、地势，以及基本外部环境设施，如交通、供水、供电等方面资料。

3. 分析基地

无论是人为的还是自然的基地都或多或少具有自己的独特性，一方面给环境设计提供了机会，一方面也带来很多限定条件。从基地的特点出发进行设计，常会创造出与基地协调统一、不失个性的设计作品。反之，对基地状况没有深入了解分析，设计中就会遇到一些问题和困难，设计很难成功。因此，基地调查与分析是环境设计与施工前的重要工作之一，也是协助设计者解决问题的最有效的方法。基地调查与分析内容：①自然条件因素，包括地形、地势、方位、风向等。②环境条件因素，包括基地日照、周围景观、建筑造型等。③人文条件因素，包括都市、村庄、交通、法规、风俗等。

另外，基地分析中还涉及所有者对基地的具体要求、经费状况、材料运用等多重因素。当完成基地与环境调查分析及基地实地测量，并绘制好相关的基本图表后，在分析归纳业主的需求与设计者的理想构思之后，应整理出一些设计上应达成的目标与设计时应遵循的原则。

4. 设计构想

设计构想应尽量图示化，设计构想中最重要的就是专心分析环境的技能关系，思考每一种活动之间的关系，空间与空间的区位关系，使各个空间的处理与安排尽量合理、有限。设计构想可细分为：理想技能图解—基地关系技能图解—动线系统规划图—造型组合图。构思阶段除了借用图示思维法外，还可以运用集思广益、形态结构组合研究等方法进行操作。

（二）概要设计

概要设计在设计筹备阶段之后，其任务主要是解决那些全局性的问题。设计者初步综合考虑拟建环境场所与城市发展规划、与周围环境现状的关系，并根据基地的自然、人工条件和使用者需要提出布局想法。设计者应结合机能和美学要素，确定平面布局。

概要设计即初步设计方案，包括概要性的平面、立面、剖面、总平面图和透视图、简单模型，并附以必要的文字说明加以表现。

概要设计将前一个阶段中所分析的空间机能关系、动线系统规划、造型组合图发展成具体的关系明确的图样。建筑物之间的关系，以及建筑物与户外空间的关系有了基本的架构之后，下一层次的概要平面图就会更为具体。概要设计一般要征得业主的意见与相关部门的认可。

（三）设计发展

经历以上两个阶段之后，设计方案已经大致确定了各种设计观念以及功能、形式、含义上的表现。设计发展阶段主要是弥补、解决概要设计中遗漏的、没有考虑周全的问题，将各种表现方式细化，提出一套更为完善、详尽的，能合理解决功能布局、空间和交通联系、环境形象等方面问题的设计方案。这是环境设计过程中较为关键的阶段，也是整个设计构思趋于成熟阶段。在设计发展阶段，要征求电气、消防等相关专业技术人员根据相关技术要求而提出的修改意见，然后进行必要的设计调整。要表达三维的环境空间，除了平面二度空间的各种图外，详尽的轴测图、效果图与模型能更好地表现环境中的体量、位置关系，更真实地反映材质和颜色。

（四）施工图与细部详图设计

设计发展阶段完成后，要进行结构计算施工图的绘制与必要的细部详图设计。施工图与细部详图设计是整个设计工作的深化和具体化，是主要解决构造方式和具体施工做法的设计。

施工图设计也被称为施工图绘制，是设计与施工之间的桥梁，施工的直接依据。内容包括整个场所和各个局部的具体做法及确切尺寸；结构方案的计算；各种设备系统的计算、造型和安装；各种技术工种之间的配合、协调问题；施工规范的编写及工程预算，施工进度表的编制等。

细部详图设计是在具体施工做法上解决设计细部与整体比例，尺寸、风格上的关系。如建筑的细部、景观设施及植物设计大样等。环境设计本身就是环境的深化、细化设计。创造物往往因细部设计而精彩。

施工图与细部详图设计的着眼点不仅应体现设计方案的整体意图，还要考虑方案、施工、节省投资使用，使用最简单高效的施工方法、较短的施工时间、最少的投资来取得最好的效果。因此，设计者必须熟悉各种材料的性能与价格、施工方法，以及各种成品的型号、规格尺寸、安装要求。施工图与细部图必须做到明晰、周密、无误。

在这一阶段，因技术问题引起设计变动或错误，及时补充变更图或纠正错误。

（五）施工建造与施工监理

施工建造是承包工程的施工者，使用各种技术手段将各种材料要素按照设计图面的指示，实际转化为实体空间的过程。在环境设计中，由于植物具有生命力，使植物绿化的施工有别于其他施工。施工方法直接影响到植物的成活率，同时也影响到设计目标能否被正确充分地表现出来。

业主拿到施工图以后，一般要进行施工招标，确定施工单位。设计人员要向施工单位交底，解决施工技术人员的疑难问题。在施工过程中，设计师要同甲方一起订货，选取材料，选厂家，完善未交代的部分，处理好与各专业之间的矛盾。设计图纸中，肯定会存在实际施工情况与图示不相符的地方，且在施工中还可能会遇到在设计中没有想到的问题，设计师必须要根据实际情况对原设计做必要的记录、修改或补充。同时，设计师要定期到施工现场检查施工质量，以保证施工的质量和最后的整体效果，直到工程验收，交付甲方使用。

（六）用后评价与维护

用后评价是指项目建造完成并对投入使用后所有使用者的设计作品、功能美德等方面的评价及意见，以图文形式较明确地反映给设计师和设计团体，以便于他们向业主提出调整反馈意见，或者改善性建议，这也有利于设计师在日后从事类似的设计时能进行改进。

建设项目经过精心设计，严格施工，得以建造并交付使用。使用后的维护管理工作必须时刻进行，才能保持环境整洁，建筑物、建构物及设施不被破坏，保持植物和动物的正常生长，确保使用者在环境中的安全、舒适、方便，这样才能保持并完善设计的效果。比如，美丽的办公环境，是经过一定时间的维护管理，办公空间才能整洁、明亮、空气清新、盆栽茂盛，体现生气、美感。一般的建筑场所、私家庭院主要由业主自行维护管理，而一些社区、公园、广场、街道等公共场所，不仅要有管理单位来维护，更有每位公众的责任。每个人要讲公德心，才能增强维护管理的成效。设计者在设计阶段应充分考虑完善各项设施与施工做法，消除隐患，给以后的维护管理工作带来最大的方便，减少工作的难度。

环境设计是一项具体艰苦的工作。从整个设计程序来看，一个好的设计师不但要有良好的教育和修养，还应该能够协调好在设计中接触到的方方面面的关系，使自己的设计理念能够得到贯彻，实现从环境设计的筹备到施工的完成。

环境设计不只是一种简单的创作和技术建造的专题活动，而是已经成为一种社会活动，一种民众参与的社会活动。

第二章 环境设计的影响维度分析

第一节 思维方式与环境设计创新

一、环境设计的思维类型

环境设计的过程与结果是通过人的思维来实现的。思维的模式与人脑的生理构成有着直接的联系，环境设计在所有设计门类中综合性较强，因此它的思维模式具有自身鲜明的特征，正是这种思维特征构成了环境设计程序的特有规律。

（一）逻辑思维

逻辑思维也称为抽象思维，是在认识活动中运用概念、判断、推理等思维形式对客观现实进行的一种概括性反映。平常所说的思维、思维能力，主要是指这种思维，它是人类专有的一种最普遍的思维类型。逻辑思维的基本形式是概念、判断与推理。逻辑思维发现和纠正谬误，有助于我们正确认识客观事物，更好地学习知识和准确表达设计理念。

艺术设计、环境艺术设计是艺术与科学的结合和统一。因此，必然要依靠抽象思维进行工作，它也是设计中最基本和普遍运用的一种思维方式。

（二）形象思维

形象思维也称艺术思维，是艺术创作过程中对大量表象进行高度的分析、综合、抽象、概括，形成典型性形象的过程，是在对设计形象的客观性认识基础上，结合主观的认识和情感进行识别，并采用一定的形式、手段和工具创造与描述的设计形象，包括艺术形象和技术形象的一种基本的思维形式。

形象思维具有形象性、想象性、非逻辑性等特征。形象性说明该思维所反映的对象是事物的形象；想象性是思维主体运用已有的形象变化为新形象的过程；非逻辑性是指思维加工过程中掺杂个人情感成分较多。在许多情况下，设计需要对设计对象的特质或属性进行分析、综合、比较，而提取其一般特性或本质属性，然后再将其融入设计作品中。

环境艺术设计是以环境的空间形态、色彩等为目的，综合考虑功能和平衡技术等方面因素的创造性计划工作，属于艺术的范畴和领域。所以，环境艺术设计中的形象思维是至关重要的思维方式。

（三）灵感思维

“灵感”源于设计者知识和经验的积累，是显意识和潜意识通融交互的结果。灵感的出现需要具备以下几个条件：①对一个问题进行长时间的思考。②能对各种想法、记忆、思路进行重新整合。③保持高度的专注力。④精神处于高度兴奋状态。

环境设计创造中灵感思维常带有创造性，能突破常规，带来从未有过的思路和想法，与创造性思维有着相当紧密的联系。

（四）创造性思维

创造性思维是指打破常规、具有开拓性的思维形式。创造性思维是对各种思维形式的综合和运用。创造性思维的目的是对某一个问题或在某一个领域提出新的方法、建立新的理论，或艺术中呈现新的形式等。这种“新”是对以往的思维和认识的突破，是本质的变革。

创造性思维是在各种思维的基础上，将各方面的知识、信息、材料加以整理、分析，并且从不同的思维角度、方位、层次去思考，提出问题，对各种事物的本质的异同、联系等方面展开丰富的想象，最终产生一个全新的结果。创造性思维有三个基本要素：发散性、收敛性和创造性。

（五）模糊思维

模糊思维是指运用不确定的模糊概念，实行模糊识别及模糊控制，从而形成有价值的思维结果。模糊理论是由数学领域发展而来的。世界的一些事物之间，很难有一个确定的分界线，如脊椎动物与非脊椎动物、生物与非生物之间就找不到一个确切的界线。客观事物是普遍联系、相互渗透的，并且是不断变化与运动着的。一个事物与另一个事物之间虽有质的差异，但在一定条件下可以相互转化，事物之间只有相对稳定而无绝对固定的边界。一切事物既有明晰性，又有模糊性；既有确定性，又有不确定性。

模糊理论对环境艺术设计具有很实际的指导意义。环境的信息表达常常具有不确定性，这绝对不是设计师表达不清，而是一种艺术的手法（含蓄、使人联想、回味都需要一定的模糊手法，产生“非此非彼”的效果）。同一个艺术对象，不同的人会产生不同的理解和认识，这就是艺术的特点。如果能充分理解和掌握这种模糊性的本质和规律，必将有助于环境艺术的创造。

（六）对比与优选思维

对比是优选的前提，没有对比就无选择可言。选择是对纷繁的客观环境进行对比、提炼、优化，合理的选择是任何科学决策的基础。选择的失误往往会导致失败的结果。人脑最基本的活动体现为选择的思维，这种选择的思维活动渗透于人类生活的各种层面。人的行走坐卧、穿衣吃饭等各种行为，无不体现为大脑受外界信号刺激形成的选择。人的学习、劳动、经商、科研等社会行为，无一不是经历各种选择考验的。选择是通过不同客观事物优劣的对比来实现的。这种对比优选的思维过程成为判断客观事物的基本思维模式，这种思维模式的依据是因对象的不同而呈现出不同的思维参照系数。

就环境艺术设计而言，选择的思维过程体现为多元图形的对比、优选，可以说，对比、优选的思维过程是建立在综合多元思维渠道以及图形分析思维方式之上的。没有前者作为基础，后者的选择结果也不可能达到最优。一般的选择思维过程是综合各类客观信息后的主观决定，通常是一个经验的逻辑推理过程，形象在这种逻辑的推理过程中显然有一定的辅助决策作用，但远不如在环境设计对比、优选的思维过程中那样重要。

在概念设计阶段，通过对多个具象图形空间形象的对比、优选来决定设计发展的方向；通过对抽象几何平面图形的对比、优选决定设计的使用功能。在方案设计阶段，通过对正投影制图绘制不同平面图的对比、优选来决定最佳的功能分区；通过对不同界面围合的室内外空间透视构图的对比、优选决定最终的空间形象。在施工图设计阶段，通过对不同材料构造的对比、优选，决定合适的搭配比例与结构；通过对不同比例节点详图的对比、优选决定适宜的材料、截面尺度。

一个概念、一个方案的诞生，必须依靠多种形象的对比。设计师在构思阶段，不能在一张纸上用橡皮反复地涂改，而是要学会使用半透明的复制纸，不停地修改自己的想法，每一个想法都要切实地落实于纸面上，不要随意扔掉任何一张看似纷乱的草图。积累对比、优选的经验与方法，好的方案、好的形式就可能产生。

（七）表现与整合思维

设计的过程是先拟定出整体的构想，再把构想分解为各个项目计划，在项目计划中去论证和规划出可行性的方案，并通过各项目计划的实施实现设计的构想。而设计表现图是在尚未实施各项目计划时，把握项目计划可能产生的结果，去表现设计的整合效果。

表现图中不仅要严谨地把握各项目计划的特点要求，更要把握住项目计划各方面的关系和所构成的完整性和统一性结果。因此，设计表现过程中整合思维方式是十分重要的。设计表现图中的整合思维方法是建立在较严密的理性思维和富有联想的形象思维之上的。

设计中的各项目计划给出的界定，在表现图中是以理性思维方式去实现它的可能性，如空间的大小、设备的位置、物体的造型、灯光设置等，都可以按照设计制图中的图示要求，运用透视作图的方法将各透视点上的内容形象化。

但是，各部分形象的衔接和相互作用只能以富有联想的形象思维的方法去实现，如空间的大小与光的强弱，物体的远近与画面层次，受光、背光的材质与色彩变化，投影的形状与位置等，都是在考虑各部分形象间的相互作用和影响所产生的整体气氛效果中形成的，这种既有理性又有想象的思维方法是设计表现图中整合思维的核心。

设计表现图中的整合思维方法，要求从每一个局部入手作图时，始终要顾及各局部之间的关系和这些关系所起到的相互作用。只有这样，才能较为准确地表现出设计方案的整体效果，才能使人们通过对表现图的视觉感受去体现设计方案的可行性和价值所在。

（八）图形分析思维

环境艺术思维的基本素质是对形象敏锐的观察和感受能力，这是一种感性的形象思维，更多地依赖人脑对可视形象或图形的空间想象。这种素质的培养主要依靠设计师本身去建立起科学的图形分析思维方式。

所谓图形分析思维方式，主要是指借助各种工具绘制不同类型的形象图形并对其进行设计分析的思维过程。就环境艺术任何一项专业设计的整个过程来说，几乎每一个阶段都离不开图形的表达。概念设计阶段的构思草图包括空间形象的透视立面图、功能分析的坐标线框图；方案设计阶段的图纸包括室内外设计图、园林景观设计中的平面与立面图、空间透视与轴测图；施工图设计阶段的图纸包括装饰的剖立面图、表现构造的节点详图等。由此可见，离开图纸进行设计思维几乎是不可能的。

设计者无论在设计的什么阶段，都要习惯于用笔将自己一闪即逝的想法落实于纸面上，培养图形分析思维方式的能力；而在不断的图形绘制过程中又会触发新的灵感。这是一种大脑思维“形象化”的外在延伸，完全是一种个人的辅助思维形式，优秀的设计往往就诞生在这种看似纷乱的草图当中。不少初学者喜欢用口头的方式表达自己的设计意图，这样是很难被人理解的。在环境设计领域，图形是专业沟通的最佳语汇，因此掌握图形分析思维方式是设计师的一种职业素质的体现。

实现环境艺术设计图形思维方式的途径，归纳起来有三种绘图的类型：第一类为空间实体可视形象图形，表现为速写式的空间透视草图或空间界面样式草图；第二类为抽象的几何线平面图形，主要表现为关联矩阵坐标图形、树形系统图形、圆方图形三种形式；第三类为基于几何画法上的严谨的透视图形，表现为正投影制图、三维空间透视图形等。

二、环境设计思维的应用

环境设计的思维不是单一的方式，而是多种思维方式的整合。环境设计的多学科交叉特征必然要反映在设计的思维关系上。设计的思维除了符合思维的一般规律外，还具有它一些特殊性，在设计的实践中会自然表现出来。以下结合设计来探讨环境设计思维的一些特征和实践应用的问题。

（一）形象性和逻辑性有机整合

环境设计以环境的形态创造为目的，如果没有形象，就等于没有设计。设计依靠形象思维，但不是完全自由的思维，设计的形象思维有一定的制约性或不自由性。形象的自由创造必须建立在环境的内在结构的规律性和功能性的基础上。因此，科学思维的逻辑性以概念、归纳、推理等对形象思维进行规范。所以，在环境艺术的设计中，形象思维和抽象思维是相辅相成的，是有机的整合，是理性和感性的统一。

（二）形象思维存在于设计中

环境的形态设计，包括造型、色彩、光照等都离不开形象，这些是抽象的逻辑思维方式无法完成的。设计师从对设计进行准备起到最后设计完成的整个过程就是围绕着形象进行思考的，即使在运用逻辑思维的方式解决技术与结构等问题时，也是结合某种形象进行的，不是纯粹的抽象方式。例如，在考虑设计室外座椅的结构和材料以及人在使用时的各种关系和技术问题的时候，也不会脱离对座椅的造型及与整体环境的关系等视觉形态的观照。环境设计无论在整体设计上，还是在局部的细节考虑上，在整个设计过程中，形象思维始终占据着思维的重要位置，这是设计思维的重要特征。

（三）抽象的功能和目标最终转换成可视形象

任何设计都有目标，并带有一些相关的要求和需要解决的问题，环境设计也不例外，每个项目都有确定的目标和功能。设计师在设计过程中，也会对自己提出一系列问题和要求，这时的问题和要求往往只是概念性质，而不是具体的形象。设计师着手了解情况、分析资料，初步设定方向，提出空间整体要简洁大方、高雅，体现现代风格等具体的设计目标，这些都还处于抽象概念的阶段。设计师只有在充分理解和掌握抽象概念的基础上思考用何种空间造型、何种色彩、如何相互配置时，才紧紧地依靠形象思维的方式，最终以形象来表现对于抽象概念的理解。所以，从某种意义上来说，设计过程就是一个将抽象的要求转换成一个视觉形象的过程。无论是抽象认识还是形象思考的能力，对于设计都具有极其重要的作用和意义。理解抽象思维和形象思维的关系是非常重要的。

（四）创造性是环境艺术设计的本质

设计的本质在于创造，设计的过程就是提出问题、解决问题而且是创造性地解决问题的过程，所以创造性思维在整个设计过程中总是处于活跃的状态。创造性思维是多种思维方式的综合运用，它的基本特征是独特性、多向性和跨越性。创造性思维所采用的方法和获得的结果必定是独特的、新颖的。逻辑思维的直线性方式往往难以突破障碍，创造性思维的多方向和跨越特点却可以绕过或跳过一些障碍，从各个方向、各个角度向目标集中。

（五）思维过程：整体—局部—整体

环境设计是一门造型艺术，具有造型艺术的共同特点和规律。环境设计首先要有一个整体的思考或规划，在此基础上再对各个部分或细节加以思考和处理，最后还要回到整体的统一上。

最初的整体实质上是处在模糊思维下的朦胧状态，因为这时候的形象只是一个大体的印象，缺少细节，或者说是局部与细节的不确定。在一个最初的环境设想中，空间是一个大概的形象，树木、绿地、设施的造型等都不可能是非常具体的形象，多半是带有知觉意味的“意象”，这个阶段的思考更着重于整体的结构组织和布局，以及整体形象给人的视觉反映等方面。在此阶段中，模糊思维和创造性思维是比较活跃的。随着局部的深入和细节的刻画，下一阶段应该是非常严谨的抽象思维和形象思维共同作用，这个阶段要解决许多极为具体的技术、结构以及与此相关的造型形象问题。

设计最终还要回到整体上来，但是这时的整体形象与最初的朦胧形象有了本质的区别。这一阶段的思维是要求在理性认识的基础上的感性处理，感性对于艺术是至关重要的，而且经过理性深化了的感性形象具有更深层的内涵和意蕴。

第二节　主体与客体在环境设计中的作用

设计师是环境设计的主体，当代环境设计师的基本素养与职业技能都是建立在环境设计师对环境、环境设计、环境设计师的概念、功能以及职责等认识的基础上。此外，环境设计师对各类设计材料也应该了然于胸，并能熟练运用。

一、环境设计师的素养及职责

随着社会的发展与科学技术的进步，人们对生活水平与生活质量的要求也在不断提高。因此，环境设计师肩负着处理自然环境与人工环境关系的重要职责，他们设计的蓝图深深地影响和改变着人们的生活，也体现了国家文明与进步的程度。为此，这里主要研究环境设计师的素养、环境设计师的社会责任、环境设计师的创造性能力。

（一）环境设计师的素养

1. 对环境设计师的要求

虽然环境设计的内容很广，从业人员的层次和分工差别也很大，但我们必须统一并达成共识：我们到底在为社会、为国家、为人类做什么？是在现代社会光怪陆离的节奏中随波逐流，还是竖起设计师责任的大旗？设计是一个充满着各种诱惑的行业，会对人们的潜意识产生深远的影响，设计师自身的才华使设计更充满了个人成就的满足感。

对环境设计师的要求主要体现在以下几个方面。

（1）要确立正确的设计观

环境设计师要确立正确的设计观，就是心中要清楚设计的出发点和最终目的，以最科学合理的手段为人们创造更便捷、优越、高品质的生活环境。无论在室内还是室外，无论是有形的还是无形的，环境设计师不是盲目地建造空中楼阁，而是必须结合客观的实际情况，满足制约设计的各种条件。在现场，在与各种利益群体的交际中，在与同等案例的比较分析中，准确地诊断并发现问题，在协调各方利益群体的同时，能够因势利导地指出设计发展的方向，创造更多的设计附加值，传递给大众更先进、更合理、更科学的设计理念。人们常说设计师的眼睛能点石成金，就是要求设计师有一双发现价值的眼睛，能知道设计的核心价值，能变废为宝，而不是人云亦云。

（2）要树立科学的生态环境观念

环境设计师要树立科学的生态环境观念。这是设计师的良心，是设计的伦理。设计师有责任也有义务引导项目的投资者并与之达成共识，而不是只顾对经济利益的追逐；引导他们珍视土地与能源，树立环保意识，要尽可能地倡导经济型、节约型、可持续的设计，而不是一味地盯在华丽的形式与外表上。在资源匮乏、贫富加剧的世界环境下，这应该是设计的主流，而不是一味做所谓高端的设计产品。从包豪斯倡导的“设计改变社会”到“为可持续发展而默默研究的设计机构”，我们真的有必要从设计大师那里吸取经验和教益，理解什么是真正的设计。

（3）要具有引导大众观念的责任

环境设计师要具有引导大众观念的责任。用美的代替丑的，用真的代替假的，用善的代替恶的，这样的引导具有非常重要的价值。环境设计师要坚持这样的价值观，给群体以正确的引导。环境设计师的一句话也许会改变一条河、一块土地、一个区域的发展，由此可见这个群体何等重要。

2. 环境设计师的修养

一个优秀的设计师或许不是“通才”，但一定要具备下面几个方面的修养。

（1）文化修养

把设计师看成“全才”“通才”的一个很重要的原因是设计师的文化修养。因为环境艺术设计的属性之一就是文化属性，它要求设计师要有广博的知识面，把眼界和触觉延伸到社会、世界的各个层面，敏锐地洞察和鉴别各种文化现象、社会现象，并和本专业结合。

文化修养是设计师的“学养”，意味着设计师一生都要不断地学习、提高。特别是初学者更应该像海绵一样持之以恒，汲取知识，而不可妄想一蹴而就。设计师的能力是伴随着知识的全面、认识的加深而日渐成熟的。

（2）道德修养

设计师不仅要有前瞻性的思想、强烈的使命意识、深厚的专业技能功底，而且应具备全面的道德修养。道德修养包括爱国主义、义务、责任、事业、自尊和羞耻心等。有时候，我们总片面地认为道德内容只是指向“为别人”，其实，加强道德修养也是为我们自己。因为高品质道德修养的成熟意味着健全的人格、人生观和世界观的成熟。在从业的过程中能以大胸襟来看待自身和现实，就不会被短见和利益得失而挟制，就不会患得患失，这样才能在职业生涯中取得真正的成功。

环境设计是如此的与生活息息相关，它需要它的创造者——设计师具备全面的修养，为环境本身，也为设计师本身。一个好的设计成果，一方面得益于设计师的聪明才智，另一方面得益于设计师对国家、社会的正确认识，得益于他健全的人格和对世界、人生的正确理解。一个在道德修养上有缺失的设计师是无法真正获得事业成功的，环境也会因此而遭殃。重视和提高设计师的自我道德修养，也是设计师职业生涯中一个重要的环节。

（3）技能修养

技能修养是指设计师不仅要具备“通才”的广度，更要具备“专才”的深度。我们可以看到，“环境艺术”作为一个专业确立的合理性，反映出综合性、整体性的特征。这个特征包含两个方面的内容，一个是环境意识，另一个是审美意识，综合起来可以理解为一种宏观的审美把握。

除了综合技能，设计师也需要在单一技能如绘画技能、软件技能、创意理念等方面体现优势。其中，绘画技能是设计师的基本功，因为从理念草图的勾勒到施工图纸的绘制都与绘画有密切的联系。事实上，优秀的设计师历来都很重视手绘的训练和表达，从那一张张饱含创作灵感和激情的草稿中，能感受到作者力透纸背的绘画功底。

（二）环境设计师的社会责任

设计师的设计创作，不应该是设计师的自我表现，而应该是因社会的需要而产生的，受社会的制约并为社会服务的。因此，作为设计创作主体的设计师，应该明确自己的社会责任，自觉地运用社会资源，自觉地运用设计为社会服务、为人类服务。

1. 服务意识

（1）设计的核心是人

设计是应用科学技术创造人的生活和工作所需要的产品和环境，并使人与产品、人与环境、人与社会相互和谐及相互协调，其核心是人。这里所说的“人”，既具有生物性，也具有社会性。因此，为“人”的设计便拥有了双重含义。人要通过对各种形式类型的物品的使用，满足基本的生活、生存需要，体现了人类认识自然、改造自然的物质生存过程，以及生存方式的更新变化过程。从这个角度来说，为“人”的设计最基本的表现形式是，以设计品来适应人的生理特点，满足人的生理需求。

因此，设计中充分考虑物质结构、处理造型功能与人的特定关系，是设计的一个立足点。

作为一个变化着的体系，为“人”的设计还存在于创造物以引导需求的过程中，在满足需求的同时具有前瞻性和引领性。

人是文化的动物，人的任何行为都是一种文化行为，设计是最能够凸显人类文化特征的行为之一。在每个发展阶段都有其文化语境，包括社会习俗传统、社会心理价值体系、审美等，它们具体成为人们习以为常的生活方式，体现在每一个行动当中，从设计师的角度、价值观角度、审美观到设计作品的风格，都带有民族文化的烙印。现在设计不仅赋予人类生活以形式与秩序，影响和改变人们的生活方式乃至生活观念，同时也创造着文化。为促进文化教育事业发展，从教育设施、设备、教具到课本的设计，从育婴室到托儿所，都有设计辅助的需要。在医疗和安全体系中，同样需要设计师的奉献。

为“人”的设计不只是为了满足一小部分人，而应将服务的目标对象推及社会的各个方面，对于环境的主体——人来说，环境的意义在于事物之间的相互作用和沟通方式，所产生的空间关系的内容。环境是由不同种类、不同功能的物质形态组成的，其中的诸多因素和组合的复杂形势，使环境呈现出多种多样的形态，物质依赖环境而存在，同时又具有相对的独立性。因此，设计的目的除了体现独立的单个品质创造以外，还要把握个体与其他物体的协调关系，以及对环境所产生的影响，从而使物体的存在与所处的环境成为和谐的整体。

（2）创造合理的生存方式

设计师的最终目的，是创造合理的生存方式，这是设计目的的统一与升华。生存方式是一个综合系统的体现，它体现着特定时期的物质生产和科学技术水平，也反映了一定的社会意识形态与社会的政治、经济、文化方面有着关系。设计是通过创造第二自然来影响人类生存方式的。所谓的“第二自然”是相对于客观存在的自然界的人工系统而言的，它与“第一自然”共同构成了生存方式产生的基础。

当现代主义本着功能第一、形式第二的设计原则，为世界创造了数以千计的几何产品和建筑时，其所代表的国际化和标准化带来的异化现象，也打破了人类追求物质和精神互为平衡的要求。人们在心理上产生了排斥、失落的情绪，而人类与生俱来的对艺术装饰等因素的热爱，促成了一种新的观念和风格的诞生，这就是后现代主义。这是设计自身受社会环境条件及人类精神需求的影响产生的平衡选择，也是设计目的顺应时代特征的变化形式。

设计在很大程度上从少数人的奢侈品转向了大多数人必要的物品，这就是为人服务的设计目的表现所在。多数人的需求转化，不仅促进了对人更加深入的理解和研究，同时也促进了设计的商品化趋势，从而使设计成为全人类共同享有的资源财富。

2. 责任意识

设计师必须担负起社会责任，有义务对所设计的产品负责，有义务利用健康的信息正确引导人们崇尚健康的生活方式。这就要求设计师要具备较高的文化判断能力和强烈的社会公德心。

3. 人格特性

成为优秀设计师的决定因素还有人格方面。人格是比较稳定的对个体特征行为模式有影响的心理品质。简单来说就是个人的特性，也就是人格特性，主要有积极的人生态度、想象力、智慧、耐心、善解人意、可信度。

（1）积极的人生态度

设计师比谁都应该具有积极的人生态度，坦然去面对成功、挫折与失败。因为挫折而消沉的人，很难获得成功；将失败看作宝贵的经验并积极总结，越挫越勇的，拥有这种品质的设计师，才能成为一个优秀的设计师。

（2）想象力

优秀的设计师还应具备富有想象力的陈述能力，这不仅能消除客户的排斥感，而且能给自己带来满足感，提高交易的成功率。

（3）智慧

智慧对设计师来说至关重要。智慧是我们对客户提出疑问时，做出快速反应的基础，也是我们采取巧妙的、恰当的应付方法的基础。

（4）耐心

对一些有发展潜力的客户进行多次反复拜访，也是达成目标的手段之一。在调查中不断获得消费者的真实需求，然后有针对性地接待再访，一定能减轻对方的排斥心理。有耐心地接待几次后，也许客户已经在盘算与你合作了。因此，为了避免功败垂成，培养设计师的持久力是非常重要的。

（5）善解人意

滔滔不绝的人不一定能成为优秀设计师，因为这样的人往往沉醉于自己的思想和世界中，而忽略了客户的真实需求。一名优秀的设计师不但能够探索客户的需求，而且能感受客户的体验，判断客户的真实需求并加以满足，从而达成最终的交易。

（6）可信度

在供大于求的市场情况下，设计师常面临客户左右徘徊的局面，这就要求设计师能够从各方面配合并发挥专长。最重要的是，客户乐于接受一个设计师的原因是源于对他的信任。设计师必须要有令客户信任的行动，才能使客户乐于让你为他做设计，并带来更多的回头客。

（三）环境设计师的创造性能力

设计师的创意和潜能需要被激发出来，而开发创造力的核心是进行高品位的设计思维训练。创造力是设计师进行创造性活动（具有新颖性的不重复的活动）时发挥出来的潜在能量，培养创造性能力是造就设计师创造力的主要任务。

1. 环境设计师创造力的开发

人类认识前所未有的事物称为“发现”，发现属于思维科学、认识科学的范畴。人类研究还没有认识的事物及其内在规律的活动一般称为“科学”；人类掌握以前所不能完成、没有完成工作的方法称为“发明”，发明属于行为科学，属于实践科学的范畴，发明的结果一般称为“技术”；只有做前人未做过的事情，完成前人从未完成的工作才称为“创造”，不仅完成的结果称“创造”，其工作的过程也称为“创造”。人类的创造以科学的发现为前提，以技术的发明为支持，以方案与过程的设计为保证。因此，人类的发现、发明、设计过程中都包含着创造的因素，而只有发现、发明、设计三位一体的结合，才是真正的创造。

创造力的开发是一项系统工程，它既要研究创造理论、总结创造规律，也要结合哲学、科学方法论、自然辩证法、生理学、脑科学、人体科学、管理科学、思维科学、行为科学等自然科学学科与美学、心理学、文学、教育学、人才学等人文科学学科的综合知识；同时，它还要结合每个人的具体状况，进行创造力开发的引导、培养、扶植。因此，对一个环境设计师来说，开发自己的创造力是一项重大而又艰苦细致的工作，对培养自身创造性思维的能力、提高设计品质具有十分重要的现实意义。

人们常把“创造力”看成智慧的金字塔，认为一般人不可高攀。其实，绝大多数人都具有创造力。人与人之间的创造力只有高低之分，而不存在有和无的界限。21 世纪，人们已进入一个追求生活质量的时代，这是一个物质加智慧的设计竞争时代，现代设计师应将之视作一个新的机遇。这就要求设计师努力探索和挖掘创造力，以新观念、新发现、新发明、新创造迎接新时代的挑战。

创造力理论认为，人的创造力的开发是无限的。从脑细胞生理学角度测算，人一生中所调动的记忆力远远少于人的脑细胞实际工作能力。创造力学说告诉我们，人的实际创造力的大小、强弱差别主要取决于后天的培养与开发。要提高设计师的创造性、开发创造力，就应该主动地、自觉地培养自己的各种创造性素质。

2. 环境设计师创造性能力的培养

创造力的强弱与人的个性、气质有一定的关联，但它不是一成不变的，人们通过有针对性的训练和有意识的追求是可以逐步强化和提高的。创造力的强弱与人们知识和经验的积累有关，通过学习和实践，能够得以改善。对创造力进行训练，既要打破原有的定式思维，又要有科学的方案。

二、环境设计的材料

（一）材料与环境的关系

1. 环境对材料的作用

材料的性能在很大程度上取决于环境的影响，环境包括“社会环境”和“自然环境”。其中，人所组成的社会因素的总体称为社会环境。自然因素的总体称为自然环境，目前认为是以大气、水、土壤、地形、地质、矿产等一次要素为基础，以植物、动物、微生物等作为二次要素的系统的总体。

社会环境是材料科学发展的动力，正确的材料生产、加工和使用，体现了人们的认识过程。

自然环境对材料的作用包括对各种材料的腐蚀、分解、风化或降解效应。

2. 材料对环境的影响

材料产业支撑着人类社会的发展，为人类带来了便利和好处，同时，材料在其整个生命周期对生态环境有重要的影响，这也是本学科的研究重点。材料对环境的影响包含正面影响和负面影响两个方面。正面影响是指用各种材料不同程度地修复环境所受到的损伤，治理或减轻环境污染等。但是从长远的观点来看，这种修复作用、治理作用或减轻作用是暂时的、局部的和相对的。材料对环境的负面影响主要是指在材料的开采、提取、加工、制备、生产以及使用和废弃的过程中对环境造成的直接的或间接的损伤和破坏。材料对环境的负面影响是我们讨论的重点内容。众所周知，材料的生产、制备、加工、使用和再生等过程，一方面，需要消耗大量的资源和能源，以保证过程的顺利进行；另一方面，由于物理变化或化学变化过程排放出的大量废水、废气和废渣又会造成环境的污染与生态的破坏，威胁着人类的生存和健康。

在材料加工、生产和使用过程中，资源消耗一般可分为直接消耗和间接消耗两类。直接消耗是指将材料用于材料的加工和生产过程。间接消耗是指在材料的运输、贮藏、包装、管理、流通和使用等环节造成的资源消耗。例如，材料的运输需要运输工具；贮藏需要占地、建造仓库；产品包装、流通以及使用等需要各种辅助设施等。

材料的使用也会对环境造成难以弥补的损害。例如，人类在使用冷冻剂、消毒剂和灭火剂等化学制品时，向大气排放出大量的氟氯烃气体等，造成了臭氧层的破坏。电子信息产品的大量使用，使电子类功能材料的更新换代急剧加速，电子垃圾剧增，电磁污染日趋严重，各种“无形杀手”随着高速发展的电子信息进入了人们的日常生活环境当中。电子材料中，无论是无机类的电子陶瓷、电子玻璃、金属材料，还是有机类或复合类的电子材料，含有的铅、磷、氟、砷、钴、钍等数量巨大，大多是经过高温熔融、烧结进入材料的，极难分离，回收再利用异常困难，而且大多集中在城市周围，废弃后造成极大的环境隐患。另外，方便人们生活的塑料包装、一次性餐盒等带来了“白色污染”问题；废弃混凝土再生利用率低，大量堆积在城市周围，占地并污染土壤和地下水。在材料使用过程中产生的类似的环境污染问题已成为世界性难题。

从理论上讲，材料的生产、制备、加工、使用和再生过程对环境造成的负面影响具有必然性、不可逆性、普遍性。由此产生的环境问题是与人类的欲望、经济的发展、科技的进步同时产生和发展的，表现出相互依存的关系。

（二）环境设计材料的概说

随着人们对环境保护和可持续发展的重视，材料在环境设计中具有其独有的内在意义。环境艺术设计中的一个重要特性是它的可实现性。没有材料的支撑，设计将永远只是一个虚幻的概念。因此，对材料的认识，是实现环境艺术设计的前提和保证。设计师对各种材料灵活而有效的应用，会让我们司空见惯的一些材料显得与众不同，使人们更加直观地体会到材料在设计中的无穷魅力。材料是设计的物质基础，任何功能目标的实现都是通过可感知的材料等体现出来的，设计的重要原则之一就是正确掌握材料，并赋予材料生命。材料分为两大类：基础材料和表现材料。基础材料是塑造空间的基础，是一个空间最基本的生存条件；表现材料就很丰富了，可谓百花齐放。在环境设计中对选材应该坚持自己的本质观点。在保证空间的前提下，材料应该越少越好。

就室内材料而言，随着“轻装修，重装饰”的装饰风格和绿色生态设计理念的流行，软装饰材料越来越受到人们的重视，它在整个室内装修中所占的比例越来越大。装饰材料是室内环境设计方案得以实现的物质基础，只有充分地了解或掌握装饰材料的性能，按照使用环境条件合理地选择所需材料，充分发挥每一种材料的长处，做到物尽其用，才能满足现代室内环境设计的各种要求。中国的建筑师自古就有用材得当的传统，尤其在木材和石材的应用上更是轻车熟路。以故宫、颐和园为代表的木建筑，不仅外形美观，更经久耐用；苏州园林更是用材高手的杰作。对石材的应用方面，赵州桥更是一个杰出的代表。用材不在多，也不在新，重在恰当，尤其是在公共建筑方面，用普遍的材料设计出经典的作品，才见真功夫。

（三）环境设计材料对设计的影响

1. 材料的选择与应用

材料在环境设计中不仅是构建空间的基础，更是表达设计理念和实现功能的重要手段。设计师在选择材料时，需要考虑材料的物理特性，如强度、耐久性、可塑性等，以及材料在不同环境条件下的表现，如耐候性和抗腐蚀性等。此外，材料的环保性能和可持续性也是现代设计中不可忽视的重要因素，设计师应优先选择那些对环境影响较小、可再生或可回收的材料，从而减少环境负担，推动绿色设计理念的实践。材料的选择过程还涉及对材料来源的了解和供应链的考量，以确保材料的稳定性和可靠性。通过对材料的精确选择和创新应用，设计师能够创造出既符合功能需求又具有高度美学价值的空间，为使用者提供更优质的体验和感受。

2. 材料的质感与表现

材料的质感和表现力在环境设计中起着关键作用，直接影响空间的视觉效果、触觉体验以及整体氛围。设计师通过不同材料的质地、纹理和表面处理，能够创造出丰富多样的质感效果，从而为空间注入独特的艺术魅力和情感表达。光滑的玻璃和金属表面可以反射光线，增强空间的现代感和科技感，而粗糙的天然石材和木材则能带来一种自然质朴的感觉，增加空间的亲和力和温暖感。材料的表现不仅局限于视觉层面，还涉及触觉和听觉等多感官的综合体验。例如，通过对材料表面的特殊处理，可以实现不同的触感效果，使使用者在接触时产生不同的心理反应和情感共鸣。设计师需要综合运用各种材料的质感和表现力，精心打造出层次丰富、细腻生动的空间效果，使环境设计不仅具有实用功能，更成为一种多维度的艺术享受和情感体验。通过这种全方位的设计手法，材料的质感和表现力能够最大限度地提升空间的整体品质和用户的满意度。

随着信息时代、数字时代的不断发展，材料也会有惊人的发展，不断了解和发现新的材料，运用在室内环境设计中，才是开创室内环境设计未来时代的根本所在。

第三节　空间维度对环境设计的影响

一、空间基础

（一）空间的形成

只要稍稍留意一下身边，我们就会发现在日常生活当中随时出现简单而有趣的空间现象。在艳阳高照或阴雨天时，人们会撑起雨伞，在草地里休息或用餐时，人们会在地上铺一块塑料布。这些都会很容易地在我们身边划定出一个不同于周围的小区域，从而暗示出一个临时空间的存在。雨伞和塑料布提供了一个亲切的属于我们自己的范围和领域，让我们感到舒适和安全。由街边的矮墙和台阶所形成的小区域，同样可以暗示出一个空间的存在。

空间的形成并不完全依赖视觉。无论是明确的还是模糊的，无论是临时的还是长久的，只要通过某种方式，人们就会直观地或潜在地意识到某种范围、区域和领域的存在，人们就会感觉到空间的形成。

（二）实体与虚空

“埏埴以为器，当其无，有器之用。凿户牖以为室，当其无，有室之用。故有之以为利，无之以为用。”这是两千五百年前老子对“空间”的概念进行的极富东方哲学思辨精神的精辟论述。它的大意是说，用陶泥制作器皿，其中“空”的部分才使器皿具有使用的价值；开凿门窗建造房子，同样房间中“空”的部分才使房间具有使用的价值；实体所具有的使用价值是通过其中虚空的部分得以实现的。老子关于空间的论述清晰而深刻地阐明了用以围合空间的实体和被围合出的空间之间的辩证关系，经现代主义建筑大师弗兰克·劳埃德·赖特（Frank Lloyd Wright）加以引用而给予设计界极大的启发。它让我们通常只关注实体的眼睛“看见”的虚空。然而，在意识到“空”的价值的同时，我们也同样不应该忽视围合出空间的实体的作用。尽管它不是空间本身，但无疑它帮助形成空间，也深刻影响着空间。

由于中间被围合的“空”的部分充满了不确定性而难以把握，使我们在分析和讨论空间的时候，很多情况下就需要借助相对确定也更易于控制的实体而得以实现。此外，当我们从事空间设计工作的时候，主要也是通过对形成空间的实体进行安排和组织，以达到创造和调节空间本身的目的。

（三）空间与空间感

1. 空间感的构造与个体体验

空间感并非孤立于物理空间之外的抽象概念，而是深深植根于空间的形态、尺度、材质、色彩、光照等元素之中，这些因素共同编织出一个复杂的感知网络，影响着人们的情绪、认知与行动。

2. 物理空间与心理空间的对话

物理空间的架构，诸如开放与封闭、直线与曲线、高度与深度，构成了空间感的基础框架。它们不仅定义了空间的物理边界，也塑造了个体对空间的初步印象。例如，开阔的空间容易营造出自由与宁静的感觉，而狭窄的空间则可能激发紧张或压迫的情绪。空间的尺度同样重要，宏大的空间给人以震撼与敬畏，而紧凑的空间则传递出亲密与安全感。这些物理属性通过视觉、听觉、触觉等感官通道，与个体的内在世界进行对话，激发相应的情感反应。

3. 材质与色彩的情感语言

材质的选择与色彩的运用，是空间设计中不容忽视的细节。不同的材质，如木材、石材、金属、织物，各自承载着独特的情感特质。木材温暖而自然，石材稳重而坚固，金属现代而冷峻，织物柔软而舒适，它们通过触感与视觉，传达出不同的温度与质感，影响着空间的氛围与格调。色彩，作为情绪的直观表达，能够迅速调动情感反应。暖色调如红、黄，激发活力与热情；冷色调如蓝、绿，营造宁静与清新；中性色调如灰、白，则传递出简洁与纯净。设计师通过精心搭配材质与色彩，能够细腻地调和空间的情感氛围，满足特定的功能需求与审美期待。

4. 光影艺术与空间叙事

光线的方向、强度、色彩，以及阴影的形状、深度，共同编织出一幅幅生动的画面，影响着空间的明暗对比、层次感与深度感。自然光的引入，不仅能够节省能源，还能随时间的推移，展现出空间的动态美，营造出季节与气候的氛围。人工照明的设计，则能够精确控制光线的分布，突出空间的重点区域，创造出戏剧性的效果，引导视线的流动，增强空间的叙事性与体验感。

5. 结构与布局的叙事逻辑

空间的结构与布局，决定了空间的逻辑关系与流动性。开放的空间布局促进视线的连贯与交流的便捷，而封闭的空间布局则提供私密性与安全感。空间的层次与过渡，通过门廊、隔断、楼梯等元素，构建出丰富的空间序列，引导人们的移动路径，创造出探索与发现的乐趣。合理的布局不仅能满足功能需求，还能激发好奇心，提升空间的趣味性与体验性。

6. 空间与空间感的共生关系

空间与空间感之间存在着共生关系，它们相互依存，共同塑造着环境设计的品质。物理空间通过其形态、材质、色彩、光影等元素，激发特定的空间感，而空间感则反过来影响着个体对空间的感知与体验。设计师通过精细的空间规划与设计，能够创造出既符合功能需求，又能触动人心灵的空间体验，实现物理空间与心理空间的和谐统一，为用户提供一个既实用又富有情感共鸣的环境。

（四）空间的类型

1. 固定空间与动态空间

固定空间是指功能明确、位置不变的空间，可以用固定不变的界面围合而成。其特点是：①空间的封闭性较强，空间形象清晰明确，趋于封闭性；②常常以限定性强的界面围合，对称向心形式具有很强的领域感；③空间界面与陈设的比例尺度协调统一；④多为尽端空间，序列至此结束，私密性较强；⑤色彩淡雅，光线柔和；⑥视线转换平和，避免强制性引导视线的因素。

动态空间（或称流动空间）往往具有开敞性和视觉导向性的特点，界面组织具有连续性和节奏性，空间构成形式变化丰富，常常使视点转移。空间的运动感就在于空间形象的运动性上。界面形式通过对比变化，图案线型动感强烈，常常利用自然、物理和人为的因素造成空间与时间的结合。动态空间引导人们从“动”的方式观察周围事物，把人们带到一个由空间和时间相结合的“四维空间”。

2. 开敞空间与封闭空间

开敞空间与封闭空间常常是相对而言的，具有程度上的差别，它取决于空间的性质及周围环境的关系，以及视觉及心理上的需要。开敞的程度取决于有无侧界面、侧界面的围合程度、开洞的大小及开启的控制能力等。

而封闭空间是用限定性比较强的围护实体（承重墙、隔墙）等包围起来的，是具有很强隔离性的空间。随着维护实体限定性的降低，封闭性也会相应减弱，而与周围环境的渗透性相对增强，但与虚拟空间相比，仍然是以封闭为特色。在不影响特定的封闭功能的原则下，为了打破封闭的沉闷感，经常采用落地玻璃窗、镜面等来扩大空间感和增加空间的层次。

从空间感来说，开敞空间是流动的、渗透的，受外界的影响较大，与外界的交流也较多，因而显得较大，是开放心理在环境中的反映；封闭空间是静止而凝滞的，与周围环境的流动性较差，私密性较强，具有很强的领域性，因而显得较小。从心理效果来说，开敞空间常常表现开朗而活跃；封闭空间表现安静或沉闷，是内向的、拒绝性的，但私密性与安全性较强。开敞空间是收纳而开放的，因而表现为更具公共性和社会性，而封闭空间是私密性与排他性更突出。对于规模较大的环境来说，空间的开放性和封闭性需要结合整个空间序列来考虑。

3. 虚拟空间与实体空间

虚拟空间是指在界定的空间内，通过界面的局部变化。例如，局部升高或降低地坪或天棚，或以材质的不同、色彩的变化再次限定空间。它不以界面围合为限定要素，只是依靠形体的启示和视觉的联想来划定空间；或是以象征性的分隔，造成视野通透，借助室内部件及装饰要素形成“心理空间”。这种心理上的存在，虽然是不可见的，但它可以由实体限定要素形成的暗示或由实体要素的关系推知。这种感觉有时模糊含混，有时却清楚明晰。空间的形与实体的形相比，含义更为丰富和复杂，在环境视觉语言中具有更为重要的地位。

虚拟空间的范围没有十分完备的隔离形态，也缺乏较强的限定度，只是依靠部分形体的启示，依靠联想和“视觉完整性”来划定空间。它可以借助各种隔断、家具、陈设、绿化、水体、照明、色彩、材质、结构构件及改变标高等因素形成。这些因素往往也会形成重点装饰。而实体空间则是由空间界面实体围合而成的，具有明确的空间范围和领域感。

4. 单一空间与复合空间

单一空间的构成可以是正方体、球体等规则的几何体，也可以是由这些规则的几何体经过加、减、变形而得到的较为复杂的空间。单一空间之间包容、穿插或者邻接的关系，构成了复合空间。一个大空间包容一个或若干小空间，大、小空间之间易于产生视觉和空间的连续性，是对大空间的二次限定，是在大空间中用实体或象征性的手法再限定出的小空间，也称为“母子空间”。

但是，大空间必须保持足够的尺度上的优势，不然就会感到局促和压抑。有意识地改变小空间的形状、方位，可以稳固小空间的视觉地位，形成富有动感的态势。许多子空间往往因为有规律地排列而形成一种重复的韵律感。它们既有一定的领域感和私密感，又与大（母）空间有相当的沟通，能很好地满足群体与个体在大空间中各得其所、融洽相处的需求。

（五）空间的基本属性

1. 空间的功能

人们修建房子有一定的目的和使用要求，这就是建筑空间的功能。建筑空间最初的主要功能是遮风避雨、抵御严寒酷暑和防止野兽的侵袭，仅作为人类赖以生存的工具，由此而产生了内部空间与外部空间的区别。人类具有很强的能动性，不仅能适应环境，而且能改造环境。从原始人的穴居，发展到具有完善设施的现代建筑，是人类长期对自然环境进行改造的结果。人们对空间的需要，也是一个从低级到高级，从满足物质需求到满足精神需求的发展过程。人类创造性的本质决定了人们从来就是有选择地对待自己的生存环境，并按照自己的思想、愿望来对其进行调整和改造，因此人类的行为推动了社会的发展。随着社会的不断发展，人们的生活方式和各种需要也在不断地改变，对建筑空间的功能也就提出了新的要求。由此可以看出，建筑空间的功能不是一成不变的，而是随着社会的发展不断地补充、创新和完善的。

建筑空间的功能包括物质功能和精神功能，建筑空间的形式必须适应功能要求，它表现为功能对空间形式的一种制约性。从物质功能方面来看，功能对空间制约的主要表现：合理的空间面积、形状、大小；适合的交通组织、疏散、消防、安全等措施；科学地创造良好的日照、通风、采光、隔声、隔热等物理环境等。从精神功能方面来看，建筑空间的精神功能是在物质功能的基础上，从人的文化与心理需求出发，如人的愿望、意志、审美情趣、民族文化、风格等，并能在建筑空间形式的处理和空间形象的塑造上，使人们获得精神上的满足和美的享受。

对于空间形象的美感问题，由于审美理念的差异，往往没有一致的答案，而且每个人的审美观念也是发展变化的，但建筑的形象美也存在着基本规律。建筑空间的美，无论是空间的内部还是外部都包含形式美和意境美两个方面。空间的形式美一般是指空间的构图原则或规律，如对比与微差、均衡与稳定、比例与尺度、节奏与韵律等，都是创造建筑形象美常用的手段。但符合形式美的空间，不一定就能达到意境美。所谓意境美，就是要表现特定场合下的性格。例如，不同建筑空间能体现出的庄严感、宏伟感、力度感、神秘感、幽雅感等，都是指不同建筑所表现出的性格特点。由此可见，形式美只能解决一般的、表象的、视觉的问题，而意境美能解决特殊的、本质的、影响人心灵的问题。

建筑为人所造，供人所用，我国最早制定的建筑方针是“适用、安全、经济、美观”。这充分体现出建筑功能的重要性。建筑有许多类型，不同类型的建筑有不同的功能，但各种类型的建筑都应满足以下基本的功能要求。

（1）人体活动尺度的要求

在建筑设计中，人体活动尺度的考虑是确保使用者舒适和安全的基础。设计师必须精确测量并分析人体的各项基本尺寸，如身高、手臂长度、步幅等，通过这些数据指导空间的规划与设计。无论是住宅、办公楼还是公共建筑，门的高度、走廊的宽度、家具的摆放等都需要严格符合人体工程学的标准，避免给使用者带来不便或危险。此外，不同人群的特殊需求也应纳入考虑，例如儿童活动区需要较低的设备安装高度，老年人住宅则需特别设计无障碍通道和扶手。这些细致入微的尺度设计，体现了对人性的深刻理解和关怀，使建筑真正成为一个适宜人类居住和活动的空间。

（2）人的生理要求

满足人的生理要求是建筑设计的核心之一，因为它直接关系到居住者的健康和生活质量。设计师必须确保建筑提供充足的自然采光和通风，通过合理布局窗户和开口，最大化地利用自然资源，减少对人工照明和空调的依赖。同时，建筑材料的选择和施工工艺也应考虑对空气质量的影响，避免使用有害物质，保障室内空气清新。噪音控制同样重要，通过隔音材料和结构设计，减少外界和室内的噪音干扰，为居住者创造一个宁静的环境。此外，供暖、制冷和防潮等系统需要科学设计，以保持室内温度和湿度的适宜，预防霉菌和过敏源的滋生。这些生理要求的满足，使建筑不仅是一个居住的场所，更是一个健康、安全和舒适的生活环境。

（3）使用过程和特点的要求

人们在各种类型的建筑中活动，经常是按照一定的顺序或路线进行的，这就要求建筑空间的组织应满足人们活动的顺序特点。另外，许多建筑在使用上具有某些特点，如视和听，温度和湿度的要求等，它们都直接影响建筑的使用功能，也影响着建筑的造型，这都是建筑空间设计中必须解决的功能问题。

2. 建筑空间的物质技术

（1）建筑空间的结构

建筑空间的结构是支撑整个建筑物的骨架，它不仅决定了建筑的稳定性和安全性，还直接影响到空间的布局和使用功能。设计师在规划建筑结构时，需要综合考虑建筑的用途、地理环境、材料特性以及施工技术等多方面因素。不同类型的建筑结构，如框架结构、剪力墙结构、悬挂结构等，各有其适用范围和特点。框架结构灵活性强，适用于各种复杂的建筑平面设计；剪力墙结构则提供了更好的抗震性能，适合高层建筑使用。

在现代建筑设计中，材料科学的进步和工程技术的发展，使建筑结构更加多样化。高强度钢材、预应力混凝土、复合材料等新型材料的应用，显著提高了建筑的承载能力和耐久性。同时，建筑信息模型(BIM)等数字技术的引入，使结构设计更加精确和高效。通过这些先进的技术手段，设计师可以在保证结构安全的前提下，创造出更加开阔和灵活的空间布局，满足现代建筑对大跨度、大开间的需求。

此外，绿色建筑理念的兴起也对结构设计提出了新的要求。可持续建筑材料的使用、结构系统的节能设计以及自然资源的优化利用，都是现代建筑结构设计中需要考虑的重要因素。通过这些努力，建筑不仅具备了优良的结构性能，还能在整个生命周期中实现资源的节约和对环境的保护，为可持续发展贡献力量。结构设计的创新与优化，使建筑不仅在技术上更加先进，也在功能和美学上达到了新的高度。

（2）建筑材料

建造空间需要物质材料，建筑材料对结构的发展有着重要的意义。砖的出现使拱券结构得以发展，钢筋和水泥的出现促进了高层框架结构和大跨度空间结构的发展，玻璃的出现给建筑的采光带来了方便。现在涌现出越来越多的复合型材料，如混凝土中加入钢筋，可增强抗弯能力，金属或混凝土材料内加入泡沫、矿棉等夹心层，可增强隔声和隔热效果等。

建筑材料基本可分为天然材料和非天然材料两大类，它们又各自包括许多不同的品种。合理应用材料，首先应了解建筑空间对材料有哪些要求以及各种材料的特性，那些强度大、自重小、性能高和易于加工的材料是理想的建筑材料。当然，在建筑设计中，应注意就地取材，提高建筑的经济性，这也是合理用材的基本原则。

二、空间的内部与外部

（一）内部空间

内部空间的设计主要围绕使用者的需求展开，强调功能性、舒适性和灵活性。合理的空间布局是内部设计的核心，设计师需根据不同功能区域的要求，科学安排各个空间的相对位置和联系，确保动线的流畅和空间的高效利用。家具和设备的选择和摆放同样需要精心设计，以满足日常使用的便利性和舒适性。内部空间还应考虑心理需求，通过色彩、光线、材质等元素的搭配，营造出适宜的氛围。例如，通过合理的采光设计，可以使空间更加明亮和开阔，从而提升居住或工作环境的质量。隔音和通风系统的优化，则为使用者提供一个安静和健康的室内环境。总的来说，内部空间设计应当关注细节，以人为本，创造出功能完善、舒适宜人的生活和工作环境。

（二）外部空间

外部空间是建筑与其周围环境互动的界面，体现了建筑的美学价值和社会功能。设计师需从整体城市规划和自然景观的角度出发，考虑建筑外部空间的形态、比例和材料选择，使其与周围环境和谐共生。建筑立面的设计不仅要美观，还需具备实用性和耐久性，能够抵御各种自然环境的影响。外部空间还包括绿地、广场、步行道等公共区域，这些空间不仅提升了建筑的整体美感，还为人们提供了休闲和交流的场所。外部空间的设计应充分考虑生态和环保因素，通过植被绿化、雨水管理和可再生能源的利用，减少建筑对环境的负面影响。外部空间设计的成功与否，直接影响到建筑的整体形象和使用者的体验，因此需要设计师在美学、功能和环境保护之间找到最佳平衡点。

内部与外部空间的设计是一个相辅相成的过程，只有两者相互协调，才能创造出既具有高度功能性又具美学价值的建筑。设计师通过创新和细致的设计手法，将内部的舒适性与外部的和谐美感有机结合，打造出一个功能与美学兼备的整体建筑空间。

三、环境设计的空间组织

（一）空间的基本关系类型

1. 包容关系

包容关系是指一个相对较小的空间被包含于另外一个较大的空间内部，这是对空间的二次限定，也可称为“母子空间”。二者存在着空间与视觉上的联系，空间上的联系使人们行为上的联想成为可能，视觉上的联系有利于视觉空间的扩大，同时还能够引起人们心理与情感的交流。

一般来说，子空间与母空间应存在着尺度上的明显差异，子空间的尺度过大，会使整体空间效果显得过于局促和压抑。为了丰富空间的形态，可通过子空间的形状和方位的变化来实现。

2. 邻接关系

邻接关系是指相邻的两个空间有着共同的界面，并能相互联系。邻接关系是最基本与最常见的空间组合关系。它使空间既能保持相对的独立性，又能保持相互的连续性。其独立与连续的程度，主要取决于邻接两空间界面的特点。界面可以是实体，也可以是虚体。例如，实体一般可采用墙体的变化来设计，虚体可采用列柱、家具、界面的高低、色彩、材质的变化等来设计。

3. 穿插关系

（1）空间穿插关系释义

穿插关系是指两个空间相交、穿插叠合所形成的空间关系。空间的相互穿插会产生一个公共空间部分，同时仍保持各自的独立性和完整性，并能够彼此相互沟通形成一种“你中有我、我中有你”的空间态势。两个空间的体量、形状可以相同，也可以不同，穿插的方式、位置关系也可以多种多样。

（2）空间穿插的表现形式

空间的穿插主要表现为三种形式：①两个空间相互穿插部分为双方共同所有，使两个空间产生亲密关系，共同部分的空间特性由两个空间本身的性质融合而成。②两个空间相互穿插部分为其中一个空间所有，成为这个空间的一部分。③两个空间相互穿插部分自成一体，形成一个独立的空间，成为两个空间的连接部分。

4. 过渡关系

过渡关系是指两个空间之间由第三个空间来连接和组织空间关系，第三个空间成了中介空间，主要对被连接空间起到引导、缓冲和过渡的作用。它可以与被连接空间的尺度、形式等相同或相近，以形成一种空间上的秩序感；也可以与被连接的空间形式完全不同，以示它的作用。过渡空间的具体形式和方位可根据被联系空间的形式和朝向来确定。

（二）空间的组合方式

1. 集中式空间组合方式

集中式空间组合方式通过将主要功能区集中布置于建筑的核心区域，以提升空间的紧凑性和高效性。这种组合方式常用于需要高效组织和管理的大型公共建筑，如会议中心、体育场馆等。设计师在规划集中式空间时，需充分考虑核心区域的交通流线和功能分区，确保各功能区之间的联系便捷顺畅。此外，集中式空间的核心区域通常具有较高的空间使用率和灵活性，可以根据不同的需求进行调整和改造。集中式空间组合方式强调空间的中心性和集中性，使建筑内部的功能组织更加紧凑和有序。

2. 放射式空间组合方式

放射式空间组合方式通过从中心向四周辐射排列功能区，形成一个具有中心点和放射轴的布局结构。这种方式适用于那些需要明确中心和多方向连接的建筑类型，如机场、火车站等。放射式空间组合强调中心区的功能集成和各放射区的均衡发展，设计师需在设计中注重各放射区的平衡和对称，确保整个空间布局的和谐和统一。放射式空间组合方式不仅增强了空间的视觉效果，还提高了建筑的使用效率和功能连通性，使各功能区之间的互动和联系更加紧密。

3. 网格式空间组合方式

网格式空间组合方式通过将功能区按照网格状布置，使空间具有高度的组织性和可扩展性。这种方式适用于大面积的综合性建筑，如科技园区、商业综合体等。网格式空间组合的优势在于其灵活的模块化布局，可以根据需求进行调整和扩展，适应不同的功能需求和使用变化。设计师在规划网格式空间时，需要考虑网格单元的功能分区和交通流线，确保每个单元之间的联系便捷和高效。网格式空间组合方式强调空间的系统性和灵活性，为未来的扩展和改造提供了更多可能性。

4. 线式空间组合方式

线式空间组合方式通过将功能区沿一条主轴线排列，形成一个线性布局的结构。这种方式常用于需要明确动线和层次分明的建筑类型，如学校、医院等。线式空间组合强调空间的连续性和顺序性，设计师在设计中需充分考虑主轴线的功能组织和景观设计，使空间布局既具逻辑性又具视觉美感。线式空间组合方式不仅提升了空间的引导性和层次感，还增强了建筑的整体性和流动性，使使用者能够在明确的动线指引下，顺畅地完成各类活动。

5. 组团式空间组合方式

组团式空间组合方式通过将多个功能区按照组团形式布置，使各组团既独立又相互联系。这种方式适用于需要分区明确且各功能区相对独立的建筑类型，如住宅小区、大学校园等。组团式空间组合强调空间的分区和整合，设计师在设计中需考虑各组团的功能定位和联系方式，使每个组团在独立运行的同时，又能通过公共空间和交通系统与其他组团紧密相连。组团式空间组合方式增强了空间的灵活性和多样性，使建筑能够更好地适应不同的功能需求和使用场景。

四、环境设计的空间尺度

尺度是空间环境设计要素中最重要的一个方面。它是我们对空间环境及环境要素在大小方面进行评价和控制的度量。尺度在空间造型的创作中具有决定性的意义。

（一）空间尺度的概念

1. 空间尺度的分类

从内涵来说，在空间尺度系统中的尺度概念包含了两个方面的内容：客观自然的尺度和主观精神的尺度。

（1）客观自然的尺度

客观自然的尺度在建筑设计中指基于物理和几何学的度量标准。这些尺度通过具体的数据和尺寸，如长度、宽度、高度、面积和体积，来定义和构建空间。设计师在规划和设计建筑时，需要精确测量和计算这些物理参数，以确保空间的比例和结构合理。客观自然的尺度不仅涵盖建筑物的整体尺寸，还包括细节部分的尺度，如门窗的高度和宽度、楼梯的踏步尺寸、走廊的宽度等。这些具体的尺度是建筑设计的基础，决定了建筑的基本形态和使用功能。通过科学的测量和设计，客观自然的尺度能够实现空间的最优利用和合理分配，为使用者提供舒适、安全和高效的环境。

（2）主观精神的尺度

主观精神的尺度超越了物理的度量，它更多地关注人在空间中的心理和情感体验。设计师在考虑主观精神的尺度时，会从使用者的感知和情感出发，探讨空间如何影响人的心境和行为。比如，通过光线的变化、色彩的运用、材质的选择，设计师能够创造出不同的氛围和情感体验。宽敞明亮的空间可能带来开放和自由的感觉，而紧凑私密的空间则可能提供安全感和隐私保护。主观精神的尺度强调人与空间的互动和情感联系，通过细致入微的设计手法，使空间不仅是物理存在的场所，更成为人们情感和精神的寄托。通过对主观精神尺度的理解和应用，建筑设计能够更加人性化和富有内涵，使每一处空间都充满个性和情感共鸣。

2. 与环境设计有关的空间尺度

（1）人体尺度

人体尺度是指与人体尺寸和比例有关的环境要素与空间尺寸。这里的尺度是以人体与建筑之间的关系比例为基准的。人总是按照自己习惯和熟悉的尺寸大小去衡量建筑的大小。这样，我们自身就变成了度量空间的真正尺度。这就要求空间环境在尺度方面要综合考虑适应人的生理及心理因素，这是空间尺度问题的核心。

（2）结构尺度

结构尺度是除人体尺度因素之外的因素，它也是设计师创造空间尺度的内容。如果结构尺度超出常规（人们习以为常的尺寸大小），就会造成错觉。

利用人体尺度和结构尺度，可以帮助我们判断周围要素的大小，正确显示出空间整体的尺度感，也可以有意识地利用它来改变一个空间的尺度感。

3. 尺度感觉

尺度感觉是人们在空间中通过感官和心理体验所获得的空间感知。它并不仅限于物理尺寸的客观存在，而是通过人的感知和认知过程，形成的对空间大小、比例和距离的主观印象。设计师在创造空间时，必须深刻理解和应用尺度感觉，以确保空间既符合功能需求，又能带给人们舒适和愉悦的体验。例如，通过巧妙的设计手法，包括光线的引导、色彩的运用和材料的质感，设计师可以在视觉上放大或缩小空间，改变人们对空间的感觉。高天花板和开阔的视野会让空间显得更大，而低矮的天花板和紧凑的布局能使空间显得温馨和私密。尺度感觉不仅影响人们的空间体验，还能够传递特定的情感和氛围，使建筑设计更具人性化和艺术性。设计师通过精细的尺度感觉设计，使空间不仅具备实用功能，还能触动人们的情感和心灵，为人们创造出深刻而难忘的空间体验。

4. 比例

（1）比例及其含义解析

比例主要表现为一部分对另一部分或对整体在量度上的比较、长短、高低、宽窄、适当或协调的关系，一般不涉及具体的尺寸。出于建筑材料的性质、结构功能以及建造过程的原因，空间形式的比例不得不受到一定的约束。即使是这样，设计师仍然期望通过控制空间的形式和比例，把环境空间建造成人们预期的结果。

在为空间的尺寸提供美学理论基础方面，比例系统的地位领先功能和技术因素，通过各个局部归属于一个比例谱系。比例系统可以使空间构图中的众多要素具有视觉统一性。它能使空间序列具有秩序感，加强连续性，还能在室内室外要素中建立起某种联系。

在建筑和它的各个局部，当发现所有主要尺寸中间都有相同的比例时，好的比例就产生了，这是指要素之间的比例。在建筑中，比例的含义问题并不局限于这些，还有纯粹要素自身的比例问题，如门窗、房间的长宽之比。有关绝对美比例的研究主要集中在这些方面。

（2）和谐的比例

和谐的比例可以带给人们美感。历史上对于什么样的比例关系能产生和谐感并产生美感有许多不同的理论。公元前 6 世纪，古希腊的毕达哥拉斯学派认为，万物最基本的元素是数，数的原则统治着宇宙中的一切现象。该学派运用这种观点研究美学问题，探求数量比例与美的关系并提出了著名的“黄金分割”理论，提出在组合要素之间及整体与局部间无不保持着某种比例的制约关系，任何要素超出了和谐的限度，就会导致整体比例的失调。比例系统多种多样，但它们的基本原则和价值是一致的。

（二）影响空间尺度的因素

1. 人的因素

人的因素包括生理的、心理的及其所产生的功能的因素。它是所有设计要素中空间尺度影响的核心要素。人的因素具体来说又可分为人体因素、知觉与感觉因素、行为心理因素三个方面。

（1）人体因素

关于人体因素，这里要讲的是人体尺度比例，人体尺度比例是根据人的尺寸和比例而建立的。环境艺术的空间环境是人体的维护物或人体的延伸，因此它们的大小与人体尺寸密切相关。人体尺寸影响着我们使用和接触的物体的尺度，影响着我们坐卧、饮食和工作的家具的尺寸。而这些要素又会间接地影响建筑室内、室外环境的空间尺度，我们行走、活动和休息所需空间的大小也产生了对周围生活环境的尺度要求。

（2）知觉与感觉因素

知觉与感觉是人类与周围环境进行交流并获得有用信息的重要途径。如果说人体尺度是人们用身体与周围的空间环境接触的尺度，而知觉与感觉因素则会透过感觉器官的特点对空间环境进行限定。

（3）行为心理因素

人体尺寸及人体活动空间决定了人们生活的基本空间范围，然而，人们并不以生理的尺度去衡量空间，对空间的满意程度及使用方式还决定于人们的心理尺度，这就是心理空间。心理因素是指人的心理活动，它会对周围的空间环境在尺度上进行限定或评判，并由此产生由心理因素决定的心理空间。

人的行为心理因素包括空间的生气感、个人空间、人际距离、迁移现象、交通方式与移动因素五个方面。

①空间的生气感

空间的生气感与活动的人数有关，一定范围内的活动人数可以反映空间的活跃程度。它和脸部与间距之间的比例有关。

②个人空间

个人空间被描述为围绕个人而存在的有限空间，有限是指适当的距离。这是直接在每个人周围的空间，通常具有看不见的边界，在边界以内不允许“闯入者”进来。

③人际距离

人际距离是心理学中的概念，是个人空间被解释为人际关系中的距离部分。人际距离主要分为密切距离、个体距离、社交距离、公众距离。密切距离的范围为 15 ～ 60 厘米，只有感情相近的人才能彼此进入；个体距离范围为 60 ～ 120 厘米，是个体与他人在一般日常活动中保持的距离；社交距离范围为 120 ～ 360 厘米，是在较为正式的场合及活动中人与人之间保持的距离；公众距离范围在 360 厘米以外，是人们在公众场所如街道、会场、商业场所等与他人保持的距离。

④迁移现象

迁移现象也是心理学中一种人类心理活动现象，人类在对外界环境的感觉与认知过程中，在时间顺序上先期接受的外界刺激和建立的感觉模式会影响人对后来刺激的判断与感觉模式。迁移现象的影响有正向与逆向的区别，正向的影响会扩大后期的刺激效果，逆向的影响会减弱后期的刺激效果。

⑤交通方式与移动因素

人在空间中的移动速度会影响人对沿途的空间要素尺度的判断。一般而言，速度变慢时，人会感觉尺度大；速度变快时，人会感觉尺度小。由于这种心理现象的存在，因此在涉及视觉景观设计的时候，人们观察不同的移动速度时会对空间的尺度有不同的要求，以步行为主的街道景观和以交通工具为移动看点的空间景观，在尺度大小上应该是不同的。

2. 技术因素

影响环境艺术设计空间尺度的技术因素主要有材料尺度、空间结构形态尺度和制造的尺度三个方面。

（1）材料尺度

不同材料具有各自独特的物理尺寸和特性，这些特性在很大程度上决定了空间的形态和结构。设计师必须对所选材料的尺寸和性能有深刻的理解，从而在设计中有效应用这些材料，使建筑空间既能满足功能需求，又具有美学价值。通过精准掌控材料的尺度，设计师能够确保建筑结构的稳定性和耐久性，同时赋予空间独特的质感和视觉效果。材料尺度的选择和运用，是实现建筑功能性和美观性的重要途径。

（2）空间结构形态尺度

空间结构形态尺度是建筑设计中的关键元素，它通过几何布局和形式规划，定义了空间的基本框架和功能分区。不同的结构形态提供了多样化的设计可能性和功能实现路径。设计师在选择和设计结构形态时，不仅需要考虑其技术性能和功能需求，还要注重空间的视觉效果和使用者的体验。合理的结构形态尺度规划，能够在保障建筑稳定性的同时，创造出富有美感和实用性的空间环境。通过对结构形态尺度的精细设计，建筑空间可以呈现出多样化的层次和动态效果。

（3）制造的尺度

制造的尺度涉及建筑构件的生产和装配工艺，直接影响到建筑的施工精度和效率。设计师在进行设计规划时，需要充分考虑制造过程中的尺寸控制和技术实现，以确保建筑构件能够高效生产并精准装配。制造尺度不仅影响施工过程的顺畅性，还决定了最终空间的精确度和一致性。通过科学的制造尺度设计，建筑不仅能达到高质量的完成度，还能在功能性和美观性方面实现理想效果。制造尺度的合理规划和实施，是实现建筑设计意图和提升施工效率的重要环节。

3. 环境因素

（1）社会环境

影响环境艺术设计的社会环境因素包括不同的生活方式和传统建筑文化两个方面。不同的生活方式是由社会发达程度和文化背景、历史传统的不同而造成的。而传统建筑文化是受纯观念性的文化因素控制的。

（2）地理环境

地理环境直接决定了空间尺度的物理条件和自然限制，它涵盖了气候、地形、水文等多方面的因素。设计师在规划建筑空间时，需要充分考虑地理环境对建筑结构和布局的影响，以确保建筑能够适应当地的自然条件并发挥最佳性能。地理环境的影响体现在空间的朝向、通风、采光以及防灾措施等方面。通过对地理环境的科学分析和合理运用，设计师可以在空间尺度的设计中实现对自然资源的有效利用和环境影响的最小化，使建筑既具有生态效益，又具备可持续发展的潜力。这种对地理环境的深刻理解和细致应用，使建筑空间能够与自然环境和谐共存，达到功能性与生态性的完美结合。

第三章　环境设计中可持续理念的融合

第一节　可持续发展的概念

一、可持续发展的发展

可持续发展作为内涵极为丰富的一种全新的发展观念和模式，不同的研究者有不同的理解和认识，其具体的理论和内涵仍处在不断发展的过程中，但其核心是正确处理人与人、人与自然环境之间的关系，以实现人类社会的永续发展。

（一）可持续发展对经济的影响

长期以来，人类在享受工业文明的丰富物质成果的同时，也经历了由此而来的生态灾难和环境危机。人们对自然的无节制的索取和浪费，才导致了资源的枯竭和环境的恶化。人类采取的不可持续生产方式，造成了人与自然环境的关系不协调，以致出现了资源环境与经济发展的矛盾。解决这一矛盾的根本途径是改变人类自身的行为方式。

改变不可持续发展的生产方式，就是要解决经济发展与自然环境之间的矛盾。面对矛盾冲突的现实，既不能逃避也不能幻想以矛盾的一方吃掉另一方，解决矛盾冲突的现实方法是创造一种适合矛盾运动的新模式。在环境与经济、保护与发展的矛盾中，不顾经济一直牺牲经济增长来进行单纯的保护并不难，反之不顾环境并以牺牲环境的方式解决矛盾冲突也不难，但唯一可行的是保护已增长的绿色经济形势，是有利于环境、资源的发展，是以保护为基础的发展。可持续发展思想是协作发展观，实质上是在承认并直接面对环境与经济、保护与发展的尖锐矛盾基础上的一种妥协，是权衡利弊的解决办法。可持续发展的思想要求既要保护环境，又要经济发展，使矛盾双方在一定区间内权衡与妥协。

既然可持续发展是一种权衡和妥协的战略，那么重要的是在实践中寻找一种双方协调发展的模式，通过这一模式把可持续发展实现为现实的经济。绿色经济就是这样一种模式，它协调了环境与经济的矛盾，实现可持续发展的要求，因而成为可持续发展的微观基础。

（二）可持续发展更深一步进展

可持续发展的概念鲜明地表达了两个观点：一是人类要发展，尤其是发展中国家要发展；二是发展要有限度，不能危及后代人的发展能力。这既是对传统发展模式的反思和否定，也是对可持续发展模式的理性设计。

可持续发展始终贯穿着“人与自然的和谐、人与人的和谐”这两大主线并由此出发去进一步探寻人类活动的理性规则、人与自然的协同进化、人类需求的自控能力、发展轨迹的时空耦合、社会约束的自律程度，以及人类活动的整体效益准则和普遍认同的道德规范等，通过平衡、自制、优化、协调，最终达到人与自然之间的协同以及人与人之间的公正。这项计划的实施是以自然为物质基础，以经济为牵引，以社会为组织力量，以技术为支撑体系，以环境为约束条件。所以，可持续发展不仅仅是单一的生态、社会或经济问题，还是三者相互影响、互相作用的结果。只是一般来说，经济学家往往强调保持和提高人类生活水平，生态学家呼吁人们重视生态系统的适应性及其功能的保持，社会学家则是将他们的注意力更多地集中于社会和文化的多样性。

实施可持续发展战略是一项综合的系统工程，从目前国际社会所做的努力来看，其途径大致有四条：第一，制定可持续发展的指标体系，研究如何将资源和环境纳入国民经济核算体系，使人们能够更加直接地从可持续发展的角度，对包括经济在内的各种活动进行评价；第二，制定条约或宣言，使保护环境和资源的有关措施成为国际社会的共同行为准则，并形成明确的行动计划和纲领；第三，建立、健全环境管理系统，促进企业的生产活动和居民的消费活动向减轻环境负荷的方向转变；第四，有关国际组织和开发援助机构都将环境保护和可持续发展能力建设作为提供开发援助的重点。

（三）可持续发展的实施

实现全球的可持续发展需要各国的全面合作与坚持执行。中国作为全球最大的发展中国家和较多的石油和碳汇消费国，对可持续发展战略和碳达峰、碳中和给予了高度的重视和实践上的实施。在联合国环境与发展大会之后，中国政府坚定地履行了自己的承诺和减排计划，在各种会议、以各种形式表达了中国走可持续发展之路和碳减排的决心和信心，并将可持续发展和生态文明建设战略与科教兴国战略一并确立为中国的两大基本发展战略，从社会经济发展的综合决策到具体实施过程都融入了可持续发展和碳减排的理念，通过法制建设、行政管理、经济措施、科学研究、环境教育、公众参与等多种途径推进可持续发展进程。

经过多年的努力和近年来的碳达峰计划，我国实施可持续发展取得了非常明显的成就。

1. 经济发展

在可持续发展的框架中，经济发展必须追求长期的繁荣和稳定，而不是短期的利益最大化。设计和实施经济政策时，需要注重资源的合理分配和使用，推动创新和技术进步，以提升生产效率和经济效益。通过发展绿色经济和循环经济，能够减少资源浪费和环境污染，实现经济增长与环境保护的双赢。经济发展还应注重平衡区域发展，缩小城乡差距和区域差异，确保所有人都能公平地享受到发展带来的成果。这样一种可持续的经济发展模式，不仅能够保障当前的经济利益，还能为未来的发展奠定坚实的基础。

2. 社会发展方面

社会发展的可持续性在于构建一个公平、公正、包容的社会体系。教育、医疗、社会保障等基本公共服务的普及和提高，是实现社会公平的重要途径。与此同时，社会发展应关注弱势群体的权益保护，消除贫困和社会不公，增强社会凝聚力和包容性。通过推动社会制度改革和创新，建立健全的社会保障体系和法律制度，确保社会的长治久安和和谐发展。社会发展的可持续性还体现在文化的传承与创新上，尊重和保护多样的文化传统，促进文化交流和融合，为社会注入持久的活力和创新动力。

3. 生态建设、环境保护和资源合理开发利用方面

生态建设和环境保护是可持续发展的核心要素。合理开发和利用自然资源，是实现经济发展与生态保护协调统一的关键。设计和实施生态政策时，需要综合考虑自然资源的承载能力和生态系统的健康状况，通过科学规划和有效管理，实现资源的可持续利用。环境保护方面，应加强污染防治和生态修复，推动绿色技术和清洁能源的应用，减少对环境的破坏和污染物的排放。生态建设应注重生态系统的整体性和连贯性，通过植被恢复、水土保持和生物多样性保护，提升生态系统的稳定性和抗逆性，为人类创造良好的生活环境。

4. 可持续发展能力建设方面

可持续发展能力建设涉及多个层面，包括制度建设、人才培养和公众参与等。首先，需要建立和完善支持可持续发展的政策法规和管理体系，确保各项可持续发展措施的有效落实。其次，培养具有可持续发展意识和能力的人才，通过教育和培训，提高各级管理者和公众的环保意识和实践能力。公众参与也是关键，通过广泛宣传和教育，鼓励公众积极参与到可持续发展的各项活动中来，形成全社会共同推进可持续发展的良好氛围。通过制度、人才和公众的共同努力，构建强大的可持续发展能力，为实现长期的生态、经济和社会目标提供坚实保障。

二、可持续发展的基本原理

（一）可持续发展基础理论

1. 关于可持续发展的形态与特征认识

可持续发展的形态与特征是指在实现经济增长的同时，保持生态平衡和社会公平。可持续发展的形态可以分为多个层面，包括经济结构、资源利用、环境保护和社会发展等方面的协调统一。在这些层面中，经济活动必须不以牺牲环境和资源为代价，资源的利用必须保持在可再生的范围内，环境保护必须确保生态系统的健康和稳定，社会发展必须促进公平和正义。可持续发展的特征体现为长期性、系统性和综合性，它不仅要求当前的发展满足需求，还必须为未来的发展保留资源和空间，强调各个方面的综合协调发展，以实现经济、环境和社会的和谐统一。

2. 可持续发展要素

可持续发展的要素主要包括经济、环境和社会三个方面，这些要素相互依存、相互影响，共同构成了可持续发展的基础。经济要素强调经济增长方式的转变，注重绿色经济和循环经济的发展，提升资源利用效率，推动创新和技术进步。环境要素强调生态保护和资源的可持续利用，通过实施严格的环保政策和技术措施，减少污染和环境破坏，维护生态系统的健康和稳定。社会要素则关注社会公平和人类福祉，通过提高教育、医疗、社会保障等公共服务水平，消除贫困和不平等，促进社会的和谐与稳定。可持续发展的成功依赖这三大要素的协同作用，只有在经济、环境和社会各方面均衡发展的基础上，才能实现真正意义上的可持续发展。

（二）可持续发展的理论体系

1. 可持续发展的管理体系

在构建可持续发展的管理体系时，需要精确的战略规划和执行路径，以确保各项措施的落地和有效性。管理体系涵盖了从制订规划、实施策略到监控和评估的全过程，涉及多个层级和部门的协调与合作。关键在于建立一个灵活且高效的管理机制，能够迅速应对环境和社会的动态变化。管理体系不仅重视制度和流程的建设，还特别强调绩效评估，通过科学的指标体系和定期的反馈机制，确保可持续发展战略能够根据实际情况不断优化和调整，实现可持续发展的长期目标。

2. 可持续发展的法制体系

法制体系在可持续发展中起着至关重要的作用，通过完善的法律框架，明确各方责任和行为规范，确保可持续发展政策的严格执行。法制体系强调法律的权威性和执行力，涉及立法、执法和司法的全面协调和配合，以维护法律的严肃性和公正性。这个体系不仅针对环境保护，还涵盖经济和社会发展的各个方面，提供了一个稳定的法律基础。通过制定严格的环境法、资源管理法和相关经济法规，法制体系为可持续发展提供了强有力的保障，使各项政策措施能够有法可依，有章可循。

3. 可持续发展的科技体系

科技体系在推动可持续发展方面发挥着创新引领的作用，通过科技进步和创新，提升资源利用效率，推动绿色技术的发展。这个体系需要政府、科研机构和企业的共同努力，形成一个开放、合作和持续创新的生态系统。科技体系不仅通过不断的科研投入推动技术进步，还通过实际应用提升产业的整体水平。创新型科技体系为可持续发展提供了源源不断的动力，使经济、社会和环境各个方面均衡发展。通过促进科技研发、鼓励科技成果转化和应用，科技体系在实现可持续发展目标的过程中发挥了关键作用。

4. 可持续发展的教育体系

教育体系是传播可持续发展理念和培养相关人才的核心渠道。教育通过从基础教育到高等教育、职业培训等多个层次，全面融入可持续发展的理念和知识。教育体系不仅关注知识的传授，更注重价值观的培养，鼓励学生主动参与各种可持续发展的实践活动。教育不仅提升了全社会的可持续发展意识，还为各行各业培养了大量具备可持续发展理念和技能的人才。通过教育，形成广泛的社会共识和行动力，确保可持续发展的理念能够在各个层面得到贯彻和落实。

5. 可持续发展的公众参与

公众参与在可持续发展过程中起着不可替代的作用，通过广泛的公众参与，提升社会对可持续发展目标的认同和支持。公众参与强调透明度和开放性，通过多种渠道和形式，保障公众的知情权和参与权。公众的意见和建议在政策制定和实施过程中发挥着重要作用，促进政策的科学性和可行性。公众参与不仅增强了社会的凝聚力，还推动了可持续发展的广泛实践和落实。通过公众的积极参与，形成一个共同推进可持续发展的良好社会氛围，使各项可持续发展措施能够更加顺利和有效地实施。

（三）可持续发展的原则

1. 公平性原则

公平性原则强调资源和机会的平等分配，确保所有社会成员都能公平地享受到发展的成果。该原则要求在制定和实施发展政策时，充分考虑到不同群体的需求和权益，特别是弱势和边缘化群体的利益。通过平衡资源分配和提供均等的机会，可以减少社会不平等，促进社会和谐。公平性不仅体现在经济收入的分配上，还涉及教育、医疗、就业等各个方面。通过落实公平性原则，可以为每一个人提供平等的发展机遇，推动社会的全面进步和繁荣。

2. 持续性原则

持续性原则强调在发展过程中，要保持资源的可持续利用，避免过度消耗和环境破坏，以保障未来世代的需求。该原则要求在制订发展计划时，综合考虑环境、经济和社会的长期影响，通过合理的资源管理和环境保护措施，实现经济增长与生态平衡的协调发展。持续性原则还要求推进技术创新和绿色发展，提升资源利用效率，减少污染排放，从根本上改变传统的发展模式。通过坚持持续性原则，确保当前发展的同时，不损害未来发展的潜力，实现真正意义上的可持续发展。

3. 共同性原则

共同性原则主张在发展过程中，全球各国应共同合作，共同面对和解决全球性的环境和发展问题。该原则强调国际社会的合作与协调，通过建立全球伙伴关系，共享技术、资金和经验，共同推动全球可持续发展目标的实现。共同性原则要求各国在应对气候变化、生物多样性保护、资源管理等方面，采取一致行动，协调政策，形成合力。通过国际合作，可以有效应对全球性挑战，促进全球范围内的可持续发展。共同性原则不仅促进了国际间的理解与合作，还为构建人类命运共同体提供了重要的理论基础和实践路径。

第二节 可持续设计的美学观念

一、可持续设计的内涵

（一）可持续设计研究概述

可持续设计研究涵盖了广泛的领域，包括建筑、产品设计、城市规划等多个方面。研究的核心在于如何通过设计手段，实现资源的有效利用和环境的最小影响。设计师在进行可持续设计时，不仅要考虑美学和功能，还需要全面评估设计对环境和社会的长期影响。研究内容涉及绿色材料的应用、能源效率的提升、废弃物管理等多个方面。通过对这些因素的综合考量，可持续设计力求在美观、实用的同时，实现生态和谐与资源节约。

在可持续设计的研究过程中，跨学科的合作显得尤为重要。设计师需要与环境科学家、工程师、社会学家等专家密切合作，共同探讨和解决可持续发展中的各种复杂问题。研究的目标是创建一个兼具生态效益和社会价值的设计系统，使设计不仅服务于当下，还能为未来留下宝贵的资源和良好的环境。

可持续设计研究还注重传统工艺与现代科技的结合，通过创新和传承，实现设计的可持续发展。现代科技提供了新的材料和工艺，使设计更加高效和环保；而传统工艺则为设计注入了文化和历史的深度。研究的最终目的是通过科学的方法和艺术的表达，实现经济、社会和环境的三重效益，为人类创造更加美好的生活环境。

（二）可持续设计的发展

1. 绿色设计的形成发展

绿色设计的概念起源于对环境保护和资源节约的深刻反思。随着工业化进程的加快，环境污染和资源枯竭问题日益严重，人们开始意识到传统设计模式的不可持续性。绿色设计倡导在设计过程中考虑生态效益，通过使用可再生材料、提高能源效率和减少废弃物，实现对环境影响的最小化。绿色设计的发展经历了从初期的环保意识萌芽到如今的全面生态设计理念的转变。如今，绿色设计已成为全球设计行业的重要趋势，各类绿色建筑、绿色产品层出不穷，体现了人类对可持续未来的追求和努力。

2. 产品服务系统设计的形成与发展

产品服务系统设计是将产品和服务结合起来，通过整体优化来提升资源利用效率和用户体验。这一理念的形成源于对传统产品生命周期的反思，旨在通过创新设计，延长产品的使用寿命，减少资源消耗和环境污染。产品服务系统设计强调产品在整个生命周期中的各个环节，包括设计、生产、使用、维护和回收，通过系统化的管理和设计，实现资源的最大化利用和环境影响的最小化。随着可持续发展理念的深入人心，产品服务系统设计在各行各业得到了广泛应用，推动了设计思维从单一产品向综合解决方案的转变。

3. 包容性设计的形成与发展

包容性设计强调在设计过程中充分考虑所有用户的需求，尤其是那些在传统设计中被忽视的群体，如老年人、残障人士和低收入群体。包容性设计的形成反映了社会对公平和人权的重视，旨在通过无障碍设计、平等使用和用户友好性，消除设计中的歧视和不公平。包容性设计的发展经历了从单纯的无障碍设计到全面包容性设计理念的演变，现如今，它已成为设计领域的重要方向。设计师们通过创新和实践，不断拓展包容性设计的边界，使更多的人能够平等、便捷地使用各种产品和服务，真正实现设计的社会责任和价值。

（三）当今可持续设计的研究

互联网时代的到来，使社会生产和人们的生活方式发生了颠覆性的革新。可持续设计也在随着时代和科技进步，呈现出新的发展形势，在通信技术的支撑下，以“共享经济”为新形式的可持续设计开始蓬勃发展。

1. 共享经济的研究发展

共享经济作为一种新兴的经济模式，通过资源的共享和优化配置，极大地提升了资源的利用效率。研究表明，共享经济不仅能减少资源浪费，还能促进社会的可持续发展。共享经济的核心在于通过平台技术，将闲置资源重新配置给需求方，从而实现资源的最大化利用。当前，学术界和产业界对共享经济的研究主要集中在平台机制、用户行为、资源管理等方面。通过对这些领域的深入研究，可以进一步完善共享经济模式，解决其在实际应用中的瓶颈和挑战，为可持续设计提供新的思路和路径。共享经济的研究不仅关注经济效益，还强调社会和环境效益的同步提升，推动全社会向更可持续的方向发展。

2. 可持续设计的新发展方向

可持续设计的新发展方向主要是技术创新和跨学科融合。随着科技的进步，智能材料、可再生能源、物联网等新技术为可持续设计带来了前所未有的机遇。这些技术的应用，可以大幅提升设计的环境友好性和资源利用效率。未来，可持续设计将更加注重系统化和整体性的解决方案，通过跨学科合作，将环境科学、社会学、经济学等多领域的知识融入设计过程中，实现真正意义上的可持续发展。研究人员正在探索新的设计方法和工具，如生态设计、循环设计和适应性设计，以应对不断变化的环境和社会需求。未来的可持续设计不仅需要解决当前的问题，更要具备前瞻性和创新性，预见并应对未来的挑战，创造一个更加可持续和美好的世界。

二、可持续设计美学观念的价值

当前美学的发展也是社会思潮在美学学科上的反映，当代西方美学的变化——实用主义美学的回归恰恰提供了一个引导个体价值观与观看方式变化的基础。当代美学的三个主要分支领域为：艺术哲学、环境美学、日常生活审美化。下面从这三个分支探讨可持续设计美学分别在艺术、生活、环境中的体现。

（一）可持续设计美学观念在艺术中

在艺术中，可持续设计美学观念不仅是一种理念，更是一种创作实践的方法。艺术家通过运用环保材料、创新工艺和循环利用的方式，创作出既具美学价值又具环保意义的作品。这个观念强调艺术创作过程中对环境影响的最小化，鼓励艺术家关注自然资源的可持续性和生态系统的保护。可持续设计美学在艺术中体现为一种对自然的尊重和对未来的责任感，促使艺术家们探索更加环保和创新的材料与技术，创造出不仅能感动人心，还能激发公众环保意识的艺术作品。这种美学观念不仅提升了艺术作品的内在价值，还推动了艺术界在环境保护方面的积极行动。

（二）可持续美学观念在生活中

在日常生活中，可持续美学观念引导着人们的消费和生活方式，追求一种环保、健康、和谐的生活理念。这种观念提倡简约、自然、循环利用，强调人与自然的和谐共处。人们在选择家具、装饰和日用品时，越来越倾向于选择那些采用可持续材料、具备环保认证和持久耐用的产品。可持续美学不仅体现在物质层面，还融入了生活方式的方方面面，如节能、减少浪费、循环利用等。通过实践可持续美学，人们不仅能享受更高品质的生活，还能为环境保护作出贡献。这个观念在生活中的应用，促进了消费观念的转变和生活方式的革新，使人们更加注重环境保护和资源节约。

（三）可持续设计美学观念在环境中

在环境保护和建设领域，可持续设计美学观念起到了至关重要的作用。它强调在环境设计和建筑规划中，充分考虑生态系统的平衡和资源的可持续利用。设计师在进行城市规划、景观设计和建筑设计时，融入可持续美学观念，不仅关注功能和美观，还致力于减少对环境的负面影响。通过采用绿色建筑技术、节能材料和生态友好的设计方法，营造出与自然和谐共生的空间。这种美学观念促进了环境保护与美学的融合，使环境设计不仅具备视觉和使用价值，还体现出对生态和资源的尊重。可持续设计美学观念在环境中的应用，推动了绿色城市和生态社区的建设，提升了城市的可持续发展水平和居民的生活质量。

三、可持续设计美学观念在方法论上的体现

回到实现可持续发展和设计的行动上来，可持续设计是一种致力于构思和发展可持续策略的战略设计活动，可持续的产品和服务系统能够使人们在大大减少资源消耗的同时提高生活质量。如果说仅提高科技效能，通过对现存事物的再设计而不改变生活方式的环境政策是“战术性”的，那么包括生活方式改变的一种全新的消费模式和社会文化创新就是“战略性”的。在此，曼兹尼将最少生存需求和最高生活品质联系在一起，最少和最多之间的张力需要可持续战略找到出口，而要使最少生存需要得到人们的认可，只能通过新的文化和价值判断的土壤。

（一）可持续设计美学观念是社会创新的基本元素

可持续设计美学观念的核心在于推动社会从资源消耗型发展模式向资源节约型发展模式的转变。它不再局限于设计领域，而是扩展到社会创新的各个方面。通过倡导使用环保材料、节能技术和可再生能源，可持续设计美学观念为社会创新提供了新的思路和路径。这种观念要求设计师在设计过程中，考虑产品和建筑在其整个生命周期内的环境影响，从而减少废弃物的产生和资源的浪费。通过强调系统思维和全局观念，可持续设计美学观念推动了跨学科合作和知识整合，促进了创新实践在各个领域的应用。它不仅是设计创新的驱动力，更是推动社会向更可持续方向转变的催化剂。

（二）设计师提供改变的机会

设计师在推动可持续发展的过程中起着关键作用，他们通过创新和创造力，为社会带来改变的机会。设计师的工作不仅是解决当前的问题，还要预见未来的挑战，并通过设计提供可持

续的解决方案。他们通过选择环保材料、优化产品结构和提升能源效率，减少设计对环境的负面影响。设计师还在推动社会意识方面发挥重要作用，通过设计实践和公众教育，提高人们对可持续发展的认识和理解。他们的作品不仅在功能和美学上满足使用者的需求，还在潜移默化中引导公众向更环保的生活方式转变。设计师通过不断探索和实践，为社会提供了可持续发展的实际例证，激励更多的人参与到这一重要的事业中来。

第三节 可持续发展与艺术设计的关系

一、艺术设计与人类社会的关系

现代艺术设计几乎是无所不在，已经渗透到人类社会的一切领域。

艺术设计在所有与人相关的环境设计中，起着整合自然与人文审美要素的作用。与此同时，也在很大程度上决定着环境利用的质量和效率。当代环境艺术设计在此领域发挥着重大作用。

艺术设计决定着人类所享用的、可感知的物质和精神产品的形态样貌。换句话说，决定着绝大多数产品的审美品质。无须一一列举，与产品制造相关的各个设计专业在此领域当仁不让。

现代人的制造活动中，艺术设计早已超越了“唯美”的、“化妆”的层面，它能够结合产品的实用与审美功能而关乎产品的综合品质。正是由于艺术设计所重点把握的造型、质感、色彩等设计要素，不可避免地要与实用的、功能的、制造工艺等设计要素有机结合起来。优秀的产品，无不融合了艺术与科学技术、蕴含着设计智慧，这种设计的“含金量”，决定了艺术设计所创造的价值往往大大超过产品的原料及加工成本。艺术设计对于提升综合国力的作用有目共睹。

艺术设计在商品的流通领域更是不可或缺的。从商品的品牌、形象、包装、广告到商品展陈购销的场所环境，艺术设计全面承担了展现、宣传、推介的职能，离开艺术设计的营销活动几乎难以想象。

艺术设计在现代信息传播中的作用是有目共睹的：信息、信息载体和各种媒介都需要形象设计。从传统的书籍、报纸杂志到电视多媒体，再到电子信息网络，信息传播过程中通过艺术设计来实现的“信息设计”是人类获取信息的效率和质量的重要保证。

二、当代中国艺术设计的战略定位

中国在可持续发展道路上的脚步，无法绕开的是对艺术设计的战略定位。

（一）正视艺术设计的学科定位

按传统的看法，在自然经济体制下，手工制品的设计属于工艺美术范畴；为与“工艺美术”的手工艺（还曾被称为特种工艺）品性脱开，有必要将现代工业社会批量化、标准化生产的产品设计界定在艺术设计范畴。其实，工艺美术与设计艺术的概念无法彻底分开，一则在“艺术设计”用语广为应用之前的现代中国设计实践均是在“工艺美术”的旗号下进行的，培养艺术设计人才有近五十年历史的前中央工艺美术学院的校名即是例证；二则当代的工艺美术创作设计可以将手工艺的形态特征与现代观念和生产方式结合起来，其作品完全可以属于艺术设计的范畴。

艺术设计学是一门多学科交叉的、实用的艺术综合学科，其内涵是按照文化艺术与科学技术相结合的规律，为人类生活而创造物质产品和精神产品的一门科学。艺术设计涉及的范围宽广，内容丰富，是功能效用与审美意识的统一，是现代社会物质生活和精神生活必不可少的组成部分，直接与人们的衣、食、住、行、用等各方面密切相关，可以说是直接左右着人们的生活方式和生活质量。

对于艺术设计行业的产值、利润似乎也不缺少全国性的统计数字。尽管如此，中国社会对艺术设计的重视程度远远没有到位，在许多人心目中，设计师是从事自由职业的个体劳动者，还没有真正认识到应该把艺术设计当成产业来打造，艺术设计产业化发展是未来该行业发展的必然趋势。

艺术设计涵盖的每个具体专业都对应着国民经济庞大的产业系统，艺术设计在现代产品制造过程中起着至关重要的作用，在城乡规划建设中的地位也是无可替代的。艺术设计对于国家综合国力的提升意义重大。

（二）培养艺术设计人才和建设艺术设计师团队

壮大艺术设计队伍，不能仅仅是单纯人员数量的增加。再多的设计师的单兵或小团体作战，作用仍然是有限的，只有将他们组织起来，才能获得更大的力量。在中国，如何挖掘艺术设计师的潜能，组织有战斗力的设计团队，不值得我们深省吗？

艺术设计人才的培养在中国有着悠久的历史，过去是以师徒传承的方式进行的，学校方式的艺术设计教育在20世纪初才开始。中华人民共和国成立后，这一学科在高等美术院校得到比较正规的发展，20世纪50年代中期，艺术设计教育作为独立的学科得到系统发展，20世纪60年代起开始培养研究生，20世纪80年代进入硕士、博士学位的培养阶段，该学科得到全面的发展，为国家建设输送了不少人才。尽管国家有艺术设计教育的规划，但面对社会现实，不可否认的是，中国的艺术设计人才培养还处于市场调控阶段。现如今艺术设计人才短缺，就业前景广阔，艺术设计院校的学生人数也在逐年增加，许多高校都在增加艺术设计专业。但是，受限于学校和教师的条件，在毕业生数量上依然难以满足社会需求，在质量上难以满足企业技术需求，也难以承担“设计强国”的重要任务。其他专业则受到认知或利益的限制，选修课少，后继者少，前景堪忧。

（三）办好艺术设计院校

从理想到现实是一个由点到面的传播过程，先进的理念亦是如此。作为理论与实践的集合体，学校承担了为社会和国家培育人才的重大责任，同时也对社会价值观和社会舆论产生重要导向作用，先进的思想和理念往往在这里形成和传播。学校还是通过理论研究和设计实践解决社会问题的学术集合体。因此，在艺术设计院校要加大可持续发展战略思想教育的力度。

作为以知识与道德为载体的教师，首先应强化可持续发展战略意识和环境生态意识，提高自身的修养和素质，加强对设计生态学与本专业关系的研究，把可持续发展战略的核心思想融会贯通在艺术设计专业教学过程中，使正确的价值观能够在学生中迅速传播，继而影响整个艺术设计行业乃至整个社会。

有了好的传播源，传播媒介就显得至关重要，学生作为先进思想的最直接受益者和扩散体系，其作用不可忽视，而未来从事艺术设计专业的学生，他们将是可持续发展战略最直接的执行者，在对其进行思想教育和专业教育时，应始终贯穿可持续发展的设计理念，培养他们良好的职业道德水准，牢固树立可持续发展的绿色意识是艺术设计第一意识的观念。

可持续发展的设计理念不是口号，不能仅仅靠教师课堂即兴发挥讲解，还应开设固定的专门课程以及通过专题报告、讲座的形式大力宣传，除了学生在校时期的培养，还应该成为终生教育的内容。面对社会上很多从业人员这方面教育程度不足的现状，对已经从事相关行业的设计人才可以通过各单位的培训或者重返学校进修的方式进行再教育。随着时间的推移及人才的新老交替，可持续发展战略教育的作用将会最大化地在设计产业中体现出来。

对应上述总体目标，承担着构建生存环境、转换生产观念、改变生活方式、提升生活质量重任的艺术设计各专业，理应从战略上制定明确的纲领和目标，以求真正与可持续发展战略同步、同轨，成为其不可或缺的有机组成部分。

设计产业政策的制定是重大系统工程，要由国家主管职能部门组织有关专业团体和大专院校的专家学者开展科研攻关。在艺术设计学的开拓与深化研究方面、设计人才教育规划方面、制造业的设计生产法规方面、与设计相关的技术标准方面、产品设计回收再生率提高的奖励和污染浪费的惩罚方面，以上种种，理应由国家加大经费投入以保证研究成果的质量。

第四节　环境生态平衡与可持续发展

生态平衡是指自然界中由各种环境因素构成的生态系统，经过长期的相互作用而形成的协调关系和平衡状态。人类一旦破坏了这种平衡就会产生一系列不良后果，包括资源的丧失及由于环境结构和环境机能的破坏所带来的对生物生存条件的威胁等。

可持续发展是指“既满足当代人的要求，又不影响子孙后代的需求能力的发展”，我们今天的发展不能对明天的发展带来危害，应是支持性的发展，而非掠夺性的开发；少用不可再生资源，有条件地使用可再生资源；减少废弃物及对自然的污染，为子孙留下蓝天清水。现在以至未来，可持续性发展理念逐渐突破了自然环境的范围（即生态的可持续性，它是可持续性发展的最基本内涵），扩展到社会、文化、经济领域的可持续性。

一、整体生态环境观

中国古典园林建筑十分讲究整体的生态环境设计，就从园林的选址方面来看，其整体生态环境观念主要表现为以下几点：一是因地制宜。通常，园林的选择要依地势的高低曲直决定，并结合地形情况来布置园内景观；二是坚持傍山带水，山因水活，水随山转，以山水为基本结构；三是遵从阳宅“卜筑”的原则，即选择一种“天时、地利、人和”的环境，这也在一定程度上体现了中国传统的文化观与哲学观。园林艺术强调以山为园林的骨架，以水为园林的血脉，这一点与中国传统山水画的追求相一致。事实上，也正是因为将山水元素融入园林之中，才使园林艺术展现出自然生命之感。

随着相关学者的不懈努力，学术界对环境生态平衡与环境设计的审美、方向以及观念逐渐产生了较为一致的认知，即生态环境对人类社会而言具有真实存在的价值，人类应当将自己看作生态平衡系统中的一部分，人类的生活和发展过程本来就属于生态运转的一部分，只有人类积极地参与到生态平衡系统之中，才能缓解现代城市发展对自然环境带来的巨大压力，并为人类的未来创造更加美好的生态环境。

（一）乡村自然式及乡土化设计

乡村环境的规划设计的本质是寻求人与自然和谐的状态。对于乡村而言，优越的自然环境是其宝贵的财富，如果乡村不利用好其宝贵的财富，必然导致乡村的没落。在乡村环境设计中，首要的原则应当是让自然融于设计的主题，在这一原则的指导下，设计师不应对原本存在的自然景观进行过多的干预，并尽量保持其本来面目。尽管城市化的步伐日益加快，但许多乡村依然保留着乡村原本的风貌，而乡村中的天然景观则是千百年来自然的鬼斧神工造就的，因此这些天然的景观特征应当被视为每个乡村的环境标志。那么，在当代的乡村生态环境设计中，就要以这些自然形成的景观标志为基础，以突出这些景观标志为原则，以协调乡村人民生活质量和自然景观之间的关系为根本目的。

（二）城市环境生态保护

“有机设计”这一概念已经提出了相当长的时间，且在各种研究成果中均有提到。事实上，“有机设计”并不是一个空洞的词汇，其中所包含的意义对当代环境艺术设计有着重要的指导意义。生物学相关理论能够为环境艺术设计师的工作提供不少有价值的理论信息。

在整个生态学的认识过程中，主要是对生物学的整体认识，也就是说，在整个设计过程中会存在不同的支持方法。现在我们已经开始研究包括动植物在内的所有生物之间的动态关系，它们之间以及与地球表面某一特定区域内的整个环境的其他力量有着天然的关系。

每一位环境艺术设计师都盼望我们的城市生活环境变得更加美好，我们希望：曾经光秃秃的街道，绿荫掩映，花草树木丰茂；装饰花、窗台盆花、吊兰勾勒出店面的轮廓；闲置的角落和落后的立体种植床和座椅被改造成迷你公园；水泥干道的中间隔离带成了展览四季植物的重要区域；城市闲置土地的垃圾被清除，成为社区公园和市民的娱乐聚集空间；受污染的河道得到修复，清澈的蓝色的水流重现在人们面前；湖滨水岸成为景观的焦点，市民为之自豪。

在城市中心地带，对目前存在争议的停车场和建筑物进行调整或拆除，可以为城市中心区的进一步发展腾出场地；将那些使用率较低的土地统一收回，并将其划入公园场地的建设当中，能够最大限度提升城市土地利用率，并在一定程度上改善市民的生活环境质量。坚持“有机设计”的城市环境设计原则，能够促进城市各种公共用地的联合使用，并建立起城市公共用地联合管理系统，进而方便日后相关管理部门的统一监管。在政府和相关学者的不懈努力下，当代城市终究会达到理想状态，即“以四周花园式公园环绕，建筑、道路和集会场所优雅地点缀其间”。

二、特殊性环境生态要求

（一）风景名胜区规划与保护

风景名胜区的保护也被包含在历史文化遗产的保护范围内，而历史文化遗产的保护则是在文物建筑保护的基础上逐渐发展起来的。事实上，早在 19 世纪后期，世界各国对人类文物建筑的保护意识都已经得到初步的建立，许多西方发达国家率先建立起相关的规章制度，并以此来推动对本国文物建筑的保护工作。

任何一座城市都有其辉煌的发展历史，而对一座城市的历史文化的保护不仅在于保护传统文物建筑不受损坏，更在于保护其具有淳朴的“虚”的外在空间，即保留文化氛围下的完整的文化环境，并尽量提升文化景观的生存能力，使“景观遗产”不轻易遭到破坏。除此之外，目前还存在一些仍在使用的历史文化环境，这些文化环境不仅具有悠久的历史文化价值，而且在今天依然能够发挥重要的文化影响力，其自身在不断发展的过程中还会产生更为深厚的文化历史积淀，因此对此类文化环境的保护和开发也需要得到人们足够的重视。这就要求，在对其进行保护的过程中不仅需要古建学家、历史学家、工匠们积极参与古建筑的修复和维护工作，更需要当代环境艺术设计师根据当代城市发展的需要，对这些建筑及环境进行创新设计。这些富有历史积淀的历史文化建筑及文化环境在当代城市中的作用是多方面的，它们不仅能够彰显城市的文化传统和民族精神，还能够推动城市传统精神与当代社会文化相融合，即在保留旧有城市结构的同时，让新时期的城市展现出时代的新气象。从另一个角度来讲，对于那些在城市历史文化地段以外的地区，其环境的设计应当以展现当代社会文化风气为核心，并试图探索新的设计模式，为城市居民带来更为方便快捷、科技含量更高的城市生活环境。自然，无论是对哪种地段的城市环境进行设计，都必须以其自然环境和文化背景为基础，并着重发展本区域的传统特色，在一些新设计中蕴含“旧”的文化根基。

（二）城市水系绿系规划设计

水被誉为地球的“生命之源”，地球上任何生命体的生存都离不开水资源。而对人类的生存而言，水资源不仅是人类维持生命的重要资源，更成为人类社会环境中不可缺少的景观。在中国传统园林设计当中，水系的设计直接关系到园林景观设计之成败。这不仅因为水系具有无可替代的环境审美价值，更是因为中国传统哲学中对建筑风水的要求。自古以来，一些兴旺发达的古代城池都会开凿护城河，这种工程体现了水系对城市安全防卫的重要价值。除此之外，水路还是重要的交通方式，水路运输自古以来都是城市与城市、国家与国家进行经济交流的重要渠道。从这里我们不难看出，对城市的水系进行科学的设计不仅关系到城市环境是否优美宜人，更关系到城市整体的发展，因此水系设计是城市环境设计中不可忽视的一部分。

从生态学的观点来看，城市内部结构的发展是以城市生态系统为支撑的，而绿系则是城市生态系统中不可缺少的一部分，因此城市内部结构的协调与城市绿系的建设之间有着千丝万缕的联系。城市绿系所包含的范围十分广泛，诸如城市街道绿化、居民区绿化、独立式公园、滨水绿化带、城郊森林公园等都包含在其中。

城市绿地系统建设的生态学原则可归纳为以下几点：①建成群落原则；②地带性原则；③生态演替理论；④潜在植被理论；⑤保护生物多样性原则；⑥景观多样性原则；⑦整体性和系统性原则。其中，最值得关注的是生态演替理论和潜在植被理论。所谓“生态演替”，即旧有群落被另一个群落所替代的过程。而“潜在植被”则指在一座城市中，那些具有鲜明地带性特征的自然植被可能已经消亡，当下存在的大多为衍生的或人工临时性的植被类型。要维护这种类型的植被，既不经济又很难使其稳定发展，更无法达到促进绿地价值最大化的目的。因此，作为城市环境设计者，一定要找到目标城市在自然状态下最适宜发展的自然植被类型，并根据地域气候、地形、土壤、水质等多方面条件来做综合判断，即找到“自然潜在植被”。只有做到这一点，才能推动城市环境的良性发展和城市环境效益的不断提升。

（三）废弃地恢复性设计

随着城市的不断发展和扩大，原来的老城区环境必然逐日走向衰老，城市的经济文化中心也必然逐渐向新城区转移。这就导致老城区存在众多零散分布的废弃地段。随着土地资源的日益紧张，城市的发展和规划受土地资源的限制越来越严峻。在这种情形下，如何利用好城市废弃地段，并对这些地段进行恢复性设计，成为进一步提升城市繁荣度的重要途径。

对城市废弃地段的恢复性设计主要针对那些遗留的码头、仓库、车站、机场等地。这些用地往往在接近城郊的地区，且这些建筑大多已经停止使用，不仅无法发挥其原来的功能，甚至还会消耗不少的维护与管理资源，并在一定程度上对当前的城市生态产生负面影响。这些用地都可被称为“消极空间”，只有城市的设计不断减小消极空间的存在，才能最大限度提升城市运行效益。比如随着城市的不断扩张和各种运输方式的不断发展，有些河道逐渐被遗弃。后来，政府将河畔的旧工厂、仓库改造为滨河住宅，并在河岸边建设了不少便民的商铺，如便利店、咖啡厅等，使这里成为景色宜人的居住、休闲区。此外，北京前门车站修建时原名为“京奉铁路正阳门火车站”，车站东移后改为综合商场，并保持了原有风貌。

对于当代的城市环境艺术设计而言，那些具有历史风貌的建筑区是彰显地域历史文化的重要元素。因此对于一些近代建筑或景观，只要条件允许，应尽量保留原样，并在此基础上进行科技化、人性化的设计，同时将这些古老的景观与当代城市发展相结合，为其赋予新的功能，使其发挥新的作用。

三、环境的可持续发展要求

尽管我国自然资源丰富、风景秀丽，但实际上我国的自然生态环境并非像文学作品中描绘的那般诗情画意。许多地方存在生态环境治理不到位、环境污染严重的问题。此外，土地的不合理使用也加剧了环境的恶化。在过去乱砍滥伐和过度放牧等行为的影响下，草原沙漠化、山林水土流失等问题日益严峻，已经给人类日后的生存造成了极大困难，这些环境生态问题都有待进一步解决。在当代，城市环境的设计对可持续发展问题的考虑更加深刻，尤其是在能源利用方面进行了更多的探索。“重能源的设计”就是在当下能源匮乏的时代背景下提出的一种重要的设计理念。这一理念要求设计师把握好城市的发展定位，并最大限度利用当地有用的环境控制技术、能源设计技术、采光理论、为节能服务的能源模型等技术。

建立起具有可持续发展能力的城市环境艺术体系是一个十分复杂的工程。这不仅需要环境艺术设计师、城市规划师、建筑师的共同协作，更需要政府相关部门的大力支持和社区组织、业主等人员的积极配合。只有自上而下树立起生态保护意识，才能真正推动城市生态系统建设。

第四章　室内环境中的可持续设计革新

第一节　室内设计的可持续理念应用

一、室内空间环境中绿色可持续理念的应用

（一）室内环境中空间的可持续设计

现代室内设计强调可持续性，生态化成为关键。生态化设计不仅追求视觉效果，更注重物质层面的环保。室内空间设计应兼顾人的生理和心理需求，以生态空间为目标，遵循发展规律，全面考虑装饰设计的生命周期，强调装饰的再利用与可持续性。空间设计中，空气流通、日照、空间比例与材质、家具布局均需精心考量。光线、色彩影响空间感知，界面材料与家具位置塑造空间感，是设计的基础。

绿色可持续理念下的室内空间设计，要求生态化、人性化并重，确保空间在满足功能与美观的同时，也达到环保与节能的标准。生态化设计通过使用可再生资源、节能技术、自然通风与采光，以及健康材料，减少环境负担，提升居住者健康水平与幸福感。同时，空间设计应注重人的需求，如合理规划空间、优化光照与通风、选用有益健康的材料，以及科学布局家具，以提高空间舒适度。装饰应考虑材料的可回收性与长期维护，通过灵活设计延长空间寿命，实现可持续发展目标。

对于如何更好地做到室内空间环境的可持续设计，这里概括了以下几点。

1. 人性化设计要求

人性化设计是指在设计过程中，根据人的行为习惯、人体的生理结构、人的心理情况、人

的思维方式等，在原有设计基本功能和性能的基础上，对建筑和展品进行优化，使观众参观起来非常方便、舒适。设计师在规划空间时，需要考虑到使用者的舒适性和便捷性，从细节入手，创造一个满足人体工学和心理舒适的环境。人性化设计强调自然光线的引入、空气质量的改善和温度的调节，通过这些手段提升室内环境的健康标准和舒适度。同时，人性化设计还注重空间的可达性和无障碍设计，确保所有人，包括老年人和残障人士，都能够方便地使用室内设施。通过这些努力，设计不仅能够提升使用者的生活质量，还能在潜移默化中推动社会的整体福祉。现今的室内布局注重实用性，储藏室、步入式更衣室被普遍引进普通住宅（图 4-1）。有的住宅已开始向立体分割方向发展，利用空间设计的不同高差隔出不同的功能区域，大大提高空间的利用率。横厅设计开始替代直厅。以往一般的住宅楼多为南北直厅布置，现在开始出现客厅和餐厅或书房均在南面的横厅设计，视觉感受非比寻常。

图 4-1　步入式更衣室

2. 符合私密性设计要求

私密性是指个体有选择地控制他人或群体接近自己。符合私密性设计要求的可持续设计，关注空间的隔音效果、视线遮挡和使用者的隐私保护。设计师通过合理的空间布局和隔断设计，确保使用者在室内活动时不受外界干扰，如图 4-2。材料的选择和施工工艺也需考虑私密性，例如使用高效隔音材料和精密的结构设计，减少声音的传播和干扰。通过这些措施，室内空间不仅能提供一个安静和私密的环境，还能提升使用者的安全感和满意度，这对其心理健康和工作效率都有积极的影响。

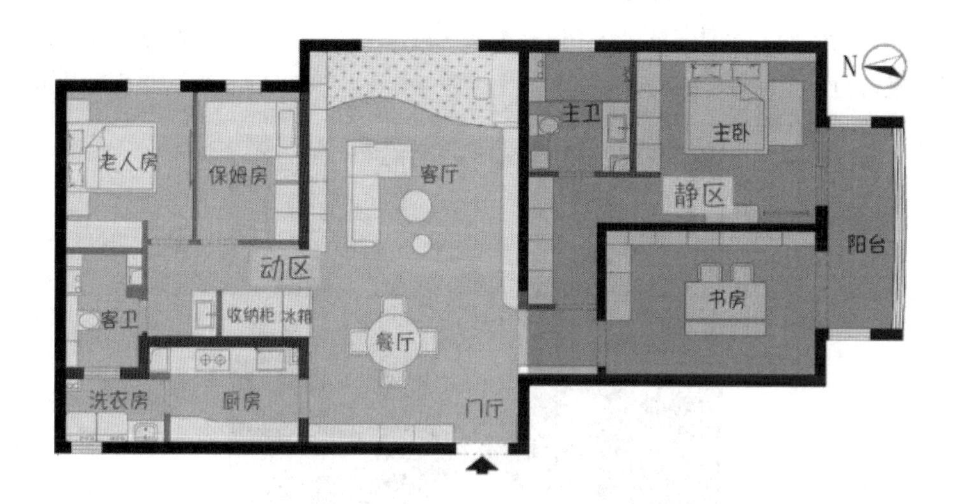

图 4-2 符合动静分区、洁污分区的平面布置图

3. 符合适应性设计目标

适应性设计指的是在总的方案原理基本保持不变的情况下，对现有设计方案进行局部更改，或用新材料技术代替原有的建筑结构进行局部适应性设计，以使设计方案的性能和质量增加某些附加值，在建筑的适应性方面选取没有挑剔的设计形式。

适应性设计强调空间的灵活性和多功能性，使其能够适应不同使用需求和变化的环境条件。可持续设计中的适应性目标，要求设计师在规划空间时考虑到未来可能的用途变化和环境影响。可移动的隔断、模块化的家具和灵活的布局方案，都是实现适应性设计的有效手段。通过这些设计，室内空间能够根据使用者的需求进行调整和重组，延长空间的使用寿命，减少重新装修和建造带来的资源浪费和环境负担。适应性设计不仅提升了空间的实用性和灵活性，还为可持续发展提供了创新的解决方案，使空间能够在不断变化的环境中保持高效和环保。今后的住宅要全面考虑光、声音和空气质量的综合条件及相应的设备配置。

4. 符合长寿性设计效果

长寿性设计强调建筑和室内空间的耐久性和持续使用性，旨在通过优质材料和科学设计，延长建筑物和室内环境的使用寿命。符合长寿性设计效果的可持续设计，关注材料的耐用性、结构的稳定性和维护的便捷性。设计师在选择材料时，优先考虑那些具有高耐久性和低维护需求的环保材料，同时在施工中采用精湛的工艺，确保结构的稳固和安全。长寿性设计不仅能够减少资源的消耗和废弃物的产生，还能降低长期的维护和更新成本，为用户提供一个持久、稳定和舒适的生活和工作环境。通过这种设计理念，室内环境不仅在当前具备高性能和高质量，还能在未来保持其功能和美学价值，实现真正的可持续发展。

当然，最基本的要素要在设计开始时就需要注意，比如留足门洞宽度、过道、轮椅回转尺寸，特别要注重卫生间设备的设计安全、卫生（图 4-3），以及在遇险时可以方便协助等。

图 4-3　卫生间设计

（二）室内环境中界面的可持续设计

室内环境中界面的可持续设计，核心在于平衡美学与功能性，同时融入环保理念，确保设计不仅满足当下需求，还兼顾未来发展的可能性。这一设计策略覆盖了围合室内空间的三大界面——地面、墙面、顶面，要求设计师在追求视觉美感与舒适体验的同时，充分考量材料选择、能源效率、环境影响及健康安全等因素。

在选材方面，优先考虑可再生资源制成的产品，比如竹材、再生木材或回收塑料，这些材料的使用能有效减少自然资源的消耗，降低碳足迹。同时，注重材料的耐用性与可维护性，避免频繁更换带来的资源浪费和环境污染。色彩与质感的搭配不仅要符合设计美学，还需考虑材料的反射率与保温性能，以优化室内热舒适度，减少空调能耗。

构造技术方面，采用节能高效的隔热隔音系统，如双层玻璃窗、绿色屋顶或墙面，既提升了建筑性能，又营造了更为健康宜人的居住环境。照明设计应充分利用自然光，结合智能调控系统，实现按需照明，减少电力消耗。

室内空间环境中界面的可持续设计的要求如下。

1. 生态环境美学观念的实现

在室内环境设计中，界面的可持续设计需要符合基本的生态环境美学观念。这一观念强调通过自然元素的引入和生态理念的应用，创造出美观且环保的室内空间。设计师在设计界面时，应注重使用可再生材料和低环境负荷的工艺，如天然石材、木材和生态涂料等，通过这些材料的巧妙搭配，形成自然和谐的视觉效果。同时，设计应强调与外界自然环境的互动，通过大面积窗户、绿色植物墙等设计手段，引入自然光线和绿植，增强室内外环境的联结和整体感。通过这些方法，不仅提升了室内环境的美学品质，也促进了生态平衡和环境保护（图 4-4）。

图 4-4 生态美学室内环境设计示例

2. 住宅界面的耐久性与使用年限

在可持续设计中，住宅界面的耐久性及使用年限是重要的考量因素。设计师需要选择那些具有高耐久性和长使用寿命的材料，以减少频繁更换和维护带来的资源浪费和环境负担。界面的设计应考虑到抗老化、抗腐蚀和耐磨损等性能，通过科学的材料选择和结构设计，确保界面在长期使用中仍能保持良好的性能和外观。同时，设计师应预见到未来可能的使用需求变化，设计具有适应性和灵活性的界面结构，使其能够通过简单的调整和改造，延长整体空间的使用寿命。这种设计理念不仅提高了住宅的耐久性，还降低了长期的维护成本和环境影响。

3. 材料的耐燃及防火性能

在室内环境中，材料的耐燃及防火性能是界面设计的重要安全考虑。设计师在选择材料时，必须优先考虑那些具有高耐燃性能的材料，以提高整体空间的防火安全等级。耐燃材料的应用不仅包括墙面和天花板，还涉及地面和家具的选择。设计过程中，应综合考虑材料的防火性能和其对美学和功能的影响，通过科学的设计和合理的材料应用，确保空间的防火安全性。设计师还需遵循相关防火规范和标准，采用防火涂层和隔热层等技术手段，进一步提升界面的耐燃性能，为用户提供一个安全可靠的室内环境。

4. 无毒、无害、无污染材料的应用

可持续设计必须严格遵循无毒、无害、无污染的原则，确保室内环境的健康和安全。设计师在选择界面材料时，应优先考虑那些通过环保认证的绿色材料，避免使用含有有害化学物质的材料。无毒材料的选择不仅体现在表面装饰材料上，还包括粘合剂、涂料和密封剂等。设计师需要了解各种材料的化学成分和环保性能，通过科学的选择和合理的搭配，创造一个无毒、无害、无污染的室内环境。这种设计理念不仅保护了居住者的健康，还减少了对环境的污染，体现了可持续发展的核心价值。

5. 保温隔热及隔声吸声性能的实现

在可持续设计中，界面的保温隔热及隔声吸声性能是提升室内舒适度和节能效果的重要方面。设计师在规划界面时，需要选用那些具有良好保温隔热性能的材料，以减少室内外温差对能耗的影响。通过科学的材料选择和结构设计，可以有效提高空间的保温性能，减少能源消耗。此外，隔声吸声性能也是界面设计的重要考量，通过使用隔音材料和吸音结构，设计师可以降低噪音对室内环境的影响，创造一个安静舒适的生活和工作空间。这些性能的实现，不仅提升了空间的使用体验，还达成了节能环保的目标。

6. 易于制作安装和施工的设计

界面的可持续设计还应符合易于制作安装和施工的要求，确保设计在实施过程中高效、经济且环保。设计师在选择材料和工艺时，应优先考虑那些易于加工、安装和维护的材料，以减少施工过程中的资源浪费和环境污染。模块化设计和预制构件的应用，可以大大提高施工效率，减少现场作业时间和废弃物的产生。通过科学的设计和规划，确保界面的制作和安装过程简便快捷，降低施工成本和对环境的负面影响。这样的设计不仅提高了施工效率和质量，还为后期的维护和改造提供了便利，实现了真正意义上的可持续发展。比如对界面的定位要考虑其空间功能的转变可能，一个房间在新房装修时定位为儿童房，而若干年后这个房间可能不应该是儿童房了，当初制作的一些造型也许现在完全不实用了，就必须能比较容易地进行相应的改造。

二、室内物理环境中可持续发展理念的应用

（一）室内空气环境的可持续设计

人类对室内空气环境问题的认识和关注由来已久。室内空气环境问题随着建筑的出现和发

展而不断变化。在工业革命前，很多传统民居由于采用的建筑材料是天然无害的，且能通过控制门窗实现自然通风，因此室内空气环境比较适宜。当然，采暖季节敞开式火炉的使用有时会使室内空气质量非常糟糕。随着现代科学技术的进步和人们生活水平的不断提高，室内污染源大量增加，室内空气质量问题逐步显现。

室内空气环境的可持续设计重视下列几种问题。

1. 住宅项目的选址

室内物理环境的初始阶段——选址，是一项融合科学与艺术考量的关键决策。理想的地理位置应当遵循生态优先的原则，规避工业污染源与高密度交通网，倾向于植被覆盖丰富、空气质量优异的区域。通过详尽分析地形特征、太阳辐射路径以及风向模式，确保建筑能够最大限度地利用自然光照和风力资源，实现自然通风和日照的最佳效果。此策略不仅奠定了健康空气环境的基础，更体现了人类与自然和谐共存的设计哲学，为居住者创造一个生态友好型的生活空间。

2. 合理选用绿色环保建材

建材的选择，是室内物理环境可持续设计的核心环节。优先选用低挥发性有机化合物（VOC）排放的涂料、无甲醛的板材以及可再生或回收的天然材料，旨在从源头减少室内有害物质的释放，保障空间的整体环境品质。绿色建材的应用，体现了对生态环境的尊重和对居住者健康的高度关注，是推动绿色生活方式的具体实践，也是实现室内环境可持续性的基石。

3. 充分采用自然通风系统

自然通风的设计，基于大气运动的自然规律，旨在优化室内空气流通，减少能源消耗。通过对门窗位置与尺寸的精心规划，结合通风井、天窗等元素的巧妙设置，可以有效引入新鲜空气并排出室内污浊气体。这种依靠自然力量而非机械手段的通风方式，不仅显著降低能耗，还能够创造一个舒适宜人的微气候环境，是可持续设计理念在实际应用中的智慧体现。

4. 适当合理增大室内净高

室内净高与空间布局的合理设定，对于改善室内物理环境至关重要。适当增加室内净高，能够扩大空气流动的空间，有助于污染物的分散和稀释，从而提升空气质量。此外，合理的空间布局，尤其是厨房与卫生间的通风设计，对于控制室内湿度、防止油烟与异味扩散至其他区域具有决定性作用。采用干湿分离的布局策略，不仅可以提高空间使用效率，还能有效管理室内湿度，抑制细菌与霉菌的滋生，维护环境的清洁与健康。

5. 智能化技术的应用

在室内物理环境的可持续设计中，智能化技术的应用不容忽视。通过集成智能控制系统，可以实现对室内温度、湿度、光照以及空气质量的实时监测与调节，确保居住环境始终处于最佳状态。例如，智能新风系统可根据室内二氧化碳浓度自动调节换气频率，而智能照明系统则依据自然光线强度自动调整室内照明，既节省能源又提升居住舒适度。

6. 社区绿化与景观设计

社区绿化与景观设计不仅美化环境，还能起到净化空气、调节微气候的作用。通过种植本土植物和设置雨水收集系统，可以创建一个自给自足的生态系统，促进生物多样性，增强社区的生态韧性和可持续性。

（二）室内热环境的可持续设计

室内热环境的可持续设计关键在于打造既舒适又节能的空间，通过综合考量空气温度、湿度、气流速度及物体表面温度等元素，营造适宜的室内微气候。此设计策略聚焦于优化围护结构的热工性能，选用高效隔热材料并采用创新构造技术，同时考量建筑朝向与布局，巧妙利用太阳辐射与自然风向，辅以周边绿化和水体的自然调节作用，配合智能温控系统实现精准调控，以及内部热湿源的有效管理。此外，倡导居住者养成节能习惯，通过整体系统工程的方法，结合建筑特性、环境条件与用户行为，运用科技与创新，旨在创造一个健康、舒适且环保的居住环境，提升生活品质的同时响应全球节能减排趋势。

对于室内热环境的可持续设计考虑下列几点内容。

1. 住宅的自然通风方式

在设计住宅时，自然通风方式应优先考虑，通过合理的窗户布局和开口设计，最大化地利用自然风来调节室内温度。使用对流通风设计，使空气能够从一侧进入，从另一侧排出，有效地带走室内热量。天窗和高窗的设计，也能利用热空气上升的原理，帮助排出室内的热空气。通过这些方法，可以减少对空调等机械通风设备的依赖，降低能源消耗，营造一个更为自然、舒适的居住环境。

2. 合理的遮阳隔热措施

遮阳隔热措施在住宅设计中至关重要，可以通过多种方式实现。外部遮阳装置如遮阳棚、百叶窗等，能够有效阻挡直射阳光，降低室内温度。利用树木和绿化也能提供自然的遮阳效果，增加环境的美感和生态效益。内部遮阳设备，如厚重的窗帘和隔热膜，可以进一步减少热量进入。综合这些，遮阳隔热措施，不仅能降低空调使用频率，还能提升住宅的能源效率，创造一个舒适的室内温度环境。

3. 材料的保温隔热性能

材料选择对室内热环境有直接影响，高效的保温隔热材料是实现室内温度稳定的关键。设计师应选用低导热系数的材料，如聚氨酯泡沫和挤塑聚苯乙烯板，这些材料可以显著阻止热量传递。墙体、屋顶和地面的多层隔热结构，以及反射涂层的使用，可以有效提升建筑的整体保温性能。通过科学的材料选择和应用，不仅能保持室内的舒适温度，还能减少能源的浪费，实现可持续发展的目标。

4. 合适的灯光材质色彩

灯光设计影响着室内的温度感受和能耗，设计师应优先选择高效节能的照明设备，如LED灯，这类灯具能耗低且热辐射少。灯光的色温和亮度也需要根据空间功能进行调整，夏季使用冷色调灯光可以带来清爽感，而冬季则适合使用暖色调灯光。通过合理的光线反射和折射设计，优化室内光环境，提升居住舒适度，并减少对空调系统的依赖。

5. 考虑适当机械设施的辅助

尽管自然通风和遮阳措施能显著改善室内热环境，但机械设施的辅助仍不可忽视。设计师在选择机械设备时，应注重高效节能，如风扇、排气扇和高效空调系统，并结合智能控制系统，优化设备运行时间和模式。通过科学的设备配置和调度，可以在不适宜自然通风的情况下，提供可靠的温度调节，确保室内环境的舒适性和能源效率。综合运用自然与机械手段，打造一个高效、环保的室内热环境。

（三）室内光环境的可持续设计

室内光环境的可持续设计，作为建筑环境的核心要素，不仅关乎居住者的精神状态与工作效率，更深层次地影响着情绪与心理健康。它超越了简单的照明需求，成为表达空间美感、营造环境氛围的关键。绿色生态的可持续住宅通过引入自然、无污染的日光，呈现优质光色，仅是实现光环境可持续性的一环。理想光环境还需兼顾亮度分布的均衡、眩光的抑制、照度的均匀调控，确保观看舒适与安全性，促进身心健康。

室内光环境涵盖天然光与人工光两大领域。天然光环境，凭借饰面材料的光学特质、色彩及采光设计，塑造生动、和谐的室内景观。设计中，透光、遮光、控光与混用光等手法巧妙结合，将天然光融入整体设计，构建统一的视觉体验。人工光环境则兼具功能与美学双重使命，弥补自然光照的不足，满足视觉需求，同时通过光影艺术，丰富空间层次，满足审美期待。在不同场景下，如工厂与学校的实用性与休闲娱乐场所的艺术性，两者比例各有侧重，共同编织出既实用又美观的光环境。

可持续的室内设计中，人工光的形态与色彩被赋予新的意义，它能重塑空间感知，界定区域，甚至转化空间属性。通过调整光的强弱、虚实，可以创造出多样化空间氛围，满足人们对于特定情境下的心理诉求，让室内空间从单纯的物理功能跃升至精神层面的享受，实现光与空间的完美交融，提升居住体验与生活质量。

为更好地让室内光环境的可持续设计得以实现，我们可以采纳下列方法。

1. 选择理想的自然采光方式

通过合理设计窗户、天窗和玻璃幕墙，自然采光能够被最大化地引入室内。根据建筑物的朝向和地理位置，设计师应精心布局这些采光装置，使阳光在一天中的各个时段都能均匀地照射到室内。比如，在南北向的房间设置大面积的窗户，保证冬季的阳光充足，同时在夏季通过遮阳设备避免过度的阳光直射。此外，利用光导管技术，可以将屋顶的自然光引入室内深处，使那些通常难以获得自然光的区域也能受益，从而全面提升室内的光环境质量。

2. 选择合理的装饰装修布局

装饰装修布局直接影响光线在室内的分布和效果。设计师在规划时，应充分考虑家具和装饰品的摆放，使光线能够畅通无阻地照射到主要活动区域。使用浅色调的墙面和地板，可以增强光线的反射效果，增加室内的亮度。避免过多的隔断和厚重的装饰物，防止光线被阻挡。反射材料，如镜面或光滑表面，可以有效地将光线扩散到更广的区域，减少阴影和暗角，使整个空间显得更加明亮和通透。

3. 选择恰当的平衡照明形式

通过合理配置主光源和辅助光源，可以实现均匀而舒适的照明效果。设计师应根据不同的房间功能和活动需求，灵活搭配局部照明、间接照明和可调光照明。比如，在工作区使用强光源保证充足的亮度，在休息区则采用柔和的间接照明，创造放松的氛围。智能照明系统的引入，可以根据时间、光线变化和使用者的活动自动调整光照强度和色温，不仅提升了光环境的舒适度，还能有效节约能源，体现出可持续设计的理念。

4. 选择合适的装饰装修材料

在材料选择方面，设计师应优先选用那些具有良好反光性能的材料，如高反光的涂料和饰面材料。使用浅色系的墙面和地面，不仅能增强光线的反射效果，还能使空间显得更宽敞明亮。半透明材料，如磨砂玻璃和亚克力板，也可以用于隔断和装饰，使光线能够部分穿透，减少阴影的形成。通过这些材料的巧妙组合，室内光环境得以优化，既提升了居住体验，又符合节能环保的设计要求。

5. 选择适当的照明装置系统

高效节能的照明设备如LED灯具，是室内光环境可持续设计的首选。智能控制系统的应用，可以通过光感应器和运动传感器，根据环境光线的变化和使用者的活动，自动调节照明强度和色温。这种系统不仅能够提供最佳的照明效果，还能最大限度地减少能源消耗。此外，设计师还应考虑照明装置的灵活性，通过可调节的安装方式和多功能的灯具设计，使照明系统能够适应不同的使用需求和场景变化，创造一个高效、舒适的光环境。

第二节　室内环境中的节能技术设计

一、室内环境节能的内容与范围

与建筑相关的资源消耗包括能源消耗、土地消耗、水资源消耗和材料消耗四大部分。可持续室内环境中的资源节约意味着在室内环境的全寿命周期内尽可能地减少上述四个方面的资源消耗，其中对于能源的节约是达到低碳减排、实现可持续发展战略目标的关键行动。

（一）节能的内容

我国目前正处于城市建设的高峰期，建筑业、建材业的飞速发展所造成的能源消耗已经占到社会商品总能耗的20%～30%。然而，在建筑物的全寿命周期中，一旦建筑物建造完成被投入实际使用，这部分能耗（包括内含能量、灰色能量和诱发能量）就被固定下来，不会再有改变，但是建筑物在接下来的使用过程中所耗费的能源，即运行能量的消耗，则将一直伴随建筑物的整个使用过程，这部分能耗包括建筑与室内环境的照明、供暖、空调以及建筑内使用的各类设备的消耗。在建筑物的全寿命周期中，前面的三种能耗只占其总能耗的20%左右，大部分能耗发生在建筑物的运行过程之中，因此减少建筑物的运行能耗应该是建筑节能的关键所在。这一点与过去人们的一般认识有着巨大的差别，过去人们往往把建筑的初期投资看得很重，以至于人们往往将注意力集中在建筑物的造价上，而忽略了建筑后续使用过程中的能耗问题，造成了极大的能源浪费。

如果能够在建筑与室内环境的设计、建造过程中就考虑必要的节能措施，在日后的运行中就可以节省大量的能量耗费，从而产生巨大的经济效益和社会效益。

中国是一个建筑大国，过去由于经济条件的限制，室内采用人工空调的比例相对于发达国家来讲要小得多，但随着近几年经济的发展、生活水平的提高，在室内采用人工空调建筑的比例呈快速上升的趋势。如果在中国实行新的节能法规，要求所有新建建筑全部采用节能设计，所收到的节能效益将是巨大的；如果所有的已有建筑物也改造成节能建筑，那么节能所获得的经济效益和社会效益将是无可估量的，对于全球环境保护所起的作用将是举足轻重的。

所谓建筑节能就是加强建筑生产和消费过程中的用能管理，采取技术上可行、经济上合理以及环境和社会可以承受的手段，减少建筑消费各环节的损失和浪费，在建筑中更加有效、合理地利用能源。节能的内涵从最初的节约能源，发展到在建筑与室内环境中保持能源，直至近年来提高能源在建筑与室内环境中的利用效率以及能源利用的可持续性，从过去的消极节省变为积极提高能源利用效率和积极开发利用可再生资源。

（二）建筑节能的范围

按照建筑全寿命周期分析法的概念，与建筑有关的能源消耗主要包括建筑、装修材料的生产消耗，即“内含能量”的消耗；建筑、装修材料的运输能耗，即“灰色能量”的消耗；房屋建造所需的能耗，即“诱发能量”的消耗；建筑使用、维护过程中的能耗，即“运行能量”的消耗。要达到建筑节能的目的，就必须从建筑的前期策划开始，在建筑设计、室内设计、施工建造、运行与维护、置换、废弃等各个阶段考虑建筑与室内环境的能源特性，采取恰当的措施。

建筑节能的范围包括运用各种手段高效利用一次性能源；运用各种手段最大限度地利用可再生能源。总体来讲，建筑与室内环境的节能包括建筑围护界面的节能、建筑运行设备的优化使用、可再生能源利用三个方面。

1. 建筑与室内空间围护界面节能

建筑的室内环境由各种围护界面围合而成，其中与建筑能源消耗关系最大的是建筑的外围护界面，包括建筑的外墙、外门、外窗（含玻璃幕墙）、屋面、地面等。如果仅将建筑中的某一个空间（如某个房间）作为考察对象，那么其围护界面除了与该空间直接相接的上述各种外围护结构以外，还包括该建筑空间与相邻空间的分隔界面，如分户墙、分户楼板等。根据建筑热工计算原理，要想降低建筑与室内环境的使用能耗，最基本的方法就是增大围护界面的传热阻，以最大限度地减少室外环境对室内的影响，保证室内空间的热环境品质。一般情况下，可根据建筑所在气候区的气候特点和建筑使用能耗情况，进行各个季节尤其是冬夏季的热工能耗分析，在围护界面上综合运用各种节能方法，以满足节能标准规定的传热阻。在建筑的单体设计中，应该尽可能使建筑的主要立面背离冬季主导风向，炎热地区还应该进行围护界面的隔热设计和建筑外窗的遮阳设计，控制单体建筑的体形系数和窗与墙的面积比例。在建筑的平面设计中，则应该积极组织好房间的自然通风，使室内环境在一般情况下通过自然通风等简单的自然物理过程就能够达到通风降温的效果，从而达到节能减排和创造舒适自然的室内环境的目的。

2. 建筑运行设备的优化使用

建筑运行设备的优化使用主要是指在建筑与室内环境的设计与维护运行中，通过运用能效比高的供暖和空调设备、减少输送管网的能量损失、选用节能的电器和灯具以及加强建筑的运行管理等方法节约能源。

3. 可再生能源利用

根据建筑的不同类型、当地气候特点和条件，选择适宜的可再生能源和可再生能源利用技术。常见的可再生能源包括太阳能、风能、水力能、地热能、生物能和海洋能等。

二、室内环境中的围护界面节能

室内环境是由建筑界面围合而成的，某一室内环境与其他室内环境之间、室内与室外环境之间的能量交换，必须通过围合室内环境的各个界面完成，因此建筑界面自然就成为室内环境节能的主要载体，必须充分重视。

（一）建筑围护界面节能的基本原理

室外的气候环境和室内的各种因素都会对室内的热环境产生影响，我们通常将室外气候因素对室内热环境的影响称为外扰，室内各类发热元素对于室内热环境的影响称为内扰。要对抗外扰和内扰对室内环境的影响，就必须借助建筑的围护界面和人为的制冷或供暖进行平衡，从而耗费相应的能量。建筑与室内环境的节能就是在满足室内环境热舒适需求的前提下，通过减慢围护界面热传递速度等技术和手段，利用或防御太阳辐射的光和热，尽可能少地耗费供暖和空调的能量。

任何物质都能够储存热能，在通常的大气压力条件下，温度不同的物质之间都会产生热的转移，即热量从温度高的物质向温度低的物质流动，直至两者达到相同的温度。温度差越大，传热速度越快。

传导、对流和辐射是热传递的三种基本方式，其中传导和对流是通过物体之间的相互接触完成的，建筑外墙面的热传递过程实际上就是一个典型的传导、对流和辐射传热的过程。在炎热的夏天，太阳通过辐射将热量传至地球，使室外空气升温，室外空气通过墙体表面的对流使外墙温度升高，空气中的热量以热传导的形式从墙体外侧传向内侧，使外墙内表面温度升高，加热周围的室内空气温度，外墙内表面周围的热空气与室内的冷空气形成对流，使整个室内温度升高，从而增加室内空调的热负荷。

对于一个封闭的室内空间，室内空气的对流速度主要取决于室内空气温度与围护界面内表面的温度差值，温差越大，室内空气对流就越强，流速就越大。我们可以用炎热夏天里有空调的房间作为例子，空调房间内的空气温度要比室外低得多，假设为25℃，假定此时外墙外表面的温度为32℃，外墙保温性能越好，其传热阻就越大，经外墙的隔热作用，外墙内表面的温度就越低，假定为26℃，室内空气与外墙内表面的温差只有1℃；但如果外墙的保温性能稍差，外墙内表面的温度可能达到28℃，此时室内空气与外墙内表面的温差达3℃，在这种情况下，室内空气的对流速度必定会比前一种情况要大。因此，要减小室内空气的流速就必须缩小室内空气与围护界面内表面之间的温差，换句话说，就必须提高外墙的保温隔热性能，除了可以将室内空气流速控制在允许的舒适范围之内，还可以因此降低室内外热量的交换，减少室内热量的获得，从而降低夏天空调的制冷能耗。寒冷冬季的情况则恰好与此相反，室内温度高于室外温度，外墙内表面温度高于外表面温度，外墙的保温隔热性能越好，内外表面温差越大，外墙内表面温度就越接近室内温度，室内空气温度与外墙内表面温差就越小，室内空气流速就越小，通过对流传热的程度就越低。

因此，建筑与室内环境的保温、隔热过程，实际上就是通过室内外或者室内各个空间之间分隔界面的一定做法，限制建筑室内与室外、室内各空间之间通过分隔界面传送热量，从而在夏季阻止室外热量进入室内，而在冬季则防止室内的热量传向室外，同时在必要时有效阻止室内不同用途空间之间的热量传递，从而降低室内空调和供暖的能耗。

（二）围护界面节能设计要点与具体措施

由于在自然条件下室内热环境质量受室外环境的影响最主要，因此，此处将重点讨论建筑与室内空间外围护界面的节能问题。

1. 外墙节能

建筑的外墙通常是由承重结构层、固定材料层、保温层、抗裂防水层、饰面层等组成，构成这些层面的材料不同、层面的排列次序不同，墙体的保温隔热性能也会大不相同。由于保温材料的具体选择以及保温层本身的具体做法具有极强的专业技术性，在设计中会有专门的工序和人员负责设计或加以选择，与室内设计师的直接关系不是很大，所以在此不做专门讨论，而将重点放在室内设计师理应知晓的层面上。

（1）常见外墙保温系统

目前我国的墙体保温主要有外墙外保温、外墙内保温和夹心保温三种形式。外墙外保温方式是指由保温层、保护层和固定材料（胶合剂、锚固件等）所构成的保温结构安装在外墙外表面的保温；外墙内保温的保温层置于外墙的室内一侧，与外保温正好相反；夹心保温做法则是将墙体分为承重和保护部分，中间留出一定的空隙做成空气间层，或内填无机松散或块状保温材料，如炉渣、膨胀珍珠岩等。外墙内保温和夹心保温的做法都有非常明显的缺陷，这些缺陷无论对建筑与室内环境的节能还是建筑与室内环境的艺术效果都会产生明显的影响，因此除非有特殊要求，一般不建议使用。

（2）与室内设计和施工、维护直接相关的注意事项

由于建筑节能是一门专业性很强的技术，而且建筑节能技术的发展日新月异，一般室内设计师不太可能在此方面掌握得非常全面。因此，如果在室内环境设计中遇到相关的问题，室内设计师首先应该与相关的专业技术人员合作，共同解决问题。但是，如果了解了外墙保温系统的保温原理以及各种常见保温系统的特点，室内设计师就可以在室内环境设计、施工与日常维护过程中针对外墙节能的一些常规问题，找出相应的注意事项和问题的解决措施。

①优先采用外墙外保温系统

不管是在新建建筑、旧建筑改造还是室内环境设计时，尤其是在夏热冬冷、夏热冬暖地区，一般情况下尽可能以外墙外保温系统作为外墙保温的首选方式，从而达到最好的保温隔热效果，节约材料，避免墙体或保温层表层开裂、结露、霉变、渗水、漏水等不良后果的产生，延长建筑与室内环境的使用寿命，保证室内的艺术效果。

②进行专业的热工计算与设计

外保温系统的具体构造应该根据建筑所在地区的气候条件以及室内环境所要达到的热舒适要求和建筑的节能目标进行具体的计算和设计，以达到最好的性价比。

③外墙外保温的保温层外抹灰不宜太厚

保温层外抹灰一般采用普通水泥砂浆或掺有一定聚合物的水泥砂浆，抗裂性能较差，容易空鼓，产生收缩裂缝。更主要的是，如果保温层外的抹灰过厚，实际上就接近夹芯保温，因而夹芯保温的一些缺陷就会表现出来，如渗水、开裂、主体结构受损等，影响建筑保温以及建筑与室内环境质量。

④重视特殊部位的构造做法

建筑外墙上的阳台、雨篷，连接外墙的阳台栏板或分户隔墙（板），空调室外机搁板，壁柱、飘窗、檐沟，女儿墙内外及压顶、排水沟，屋顶装饰造型的出挑，墙面的装饰线脚等出挑部位，由于形态比较特殊、复杂，面积相对较小，因此都是外墙外保温系统设计与施工过程中最常被忽略的部位。由于这些局部的保温不到位，很容易产生“热桥”现象，增加室内的冷、热负荷。另外，由于这些地方与有完整保温措施的其他墙面之间温度差异较大，热胀冷缩的程度不一致，容易造成这些地方与墙面之间产生裂缝，这些局部的抹灰层也较易出现空鼓。另外，砖砌体中的钢筋混凝土芯柱、圈梁和过梁，各种空心砌块或混凝土轻质砌块，墙体中的砖柱和混凝土构造柱，钢筋混凝土墙体中的预埋铁件、穿墙金属套管等，由于其导热系数大于其周边材料，也极易形成“热桥”。

⑤室内设计与装修时尽量少伤及原有墙体

由于室内设计师和施工人员的认识不足，常常在室内设计时任意减薄墙体，任意在墙体上开洞、挖坑、穿孔、放置金属预埋件等，而且常常是对这些损伤不加任何修补或者仅用水泥或其他材料胡乱填塞了之。由于对隔墙的任何损伤都有可能削弱墙体在该部位的介质厚度或均匀度，容易形成“热桥”，从而发生热损失应力集中，大大影响保温效果，甚至最后产生结露、霉变、开裂、渗水等严重后果。因此，室内设计师在室内设计时，应该尽可能地考虑到方案可能对建筑原有墙体尤其是外墙体保温层的损坏，如有损坏应尽量用原有的材料和构造方式或者其他有效的替代材料加以修补，而不能放任不管。这一情况在室内墙面增加新的装饰材料如护墙板等时最容易发生，一般人总以为墙面上的坑洞等损伤只要用饰面材料遮挡，最终不影响室内效果就没有问题了，其实这会在以后的建筑使用过程中带来巨大的节能隐患，更严重的是，这些坑洞被遮蔽后根本无法识别，即使以后也难以补救。

⑥注意门窗洞口周边缝隙的填补、密封

在室内装修中，对旧的门窗进行更换，是常有之事。但在更换门窗后，往往对门窗洞口周边的缝隙不加理会，这在更换门窗后再在门窗周围设置门窗套的情况下更容易出现，因为漂亮的门窗套很容易将这些缝隙盖住而在视觉上不留半点痕迹，但每天通过这些缝隙的热损失则是无法掩盖的。因此在更换旧门窗之后，一定要将这些缝隙封死，可以先用现场硬泡聚氨酯等专用的发泡填缝材料将缝隙填实，外侧用防水油膏封堵，然后再在外面做门窗护套或做墙体饰面。

⑦注意外门窗与墙体交接部位的保温

建筑外门窗与墙体交接部位的热损失占有很大的比重，因此无论采取怎样的保温隔热方式，都应该充分注意这一部位的保温措施。另外，门窗在洞口中安装位置的里外程度也会影响门窗侧面的热损失大小。一般来说，外保温墙体门窗靠外较为有利，而内保温墙体门窗靠内安装比较有利。

⑧严格按照设计要求和施工规程进行施工

保温系统施工质量的高低直接影响到建筑节能效果的好坏，施工中的任何瑕疵都有可能导致保温系统保温效果的降低和建筑使用寿命的缩短。因此，在建筑与室内装修施工中，应该严格按照设计要求和相关施工规程进行施工。

2. 外门与外窗节能

外窗可以满足人们的通风、采光、日照、观赏方面的要求，也是建筑外围护界面的主要构成元素，它们通常与建筑的外墙一起构成建筑的垂直围护界面。在现代玻璃幕墙建筑中，有时甚至成为建筑外立面的唯一元素，控制着建筑的整体形象和外围护性能。由于建筑的外门与外窗具有非常类似的性质、功能和形态，尤其是现代建筑中大量运用的玻璃门，更是与窗户接近，因此，下面将外门和外窗合并起来加以论述。

建筑的外门窗也是建筑保温隔热的重点部位。有效控制建筑的外门窗面积、位置和构造，协调好采光与辐射和对流热损失的关系，是外门窗节能设计的关键。

（1）外窗与外门的传热途径

外门窗是薄壁轻质构件，是建筑保温、隔热、隔声的薄弱环节。外窗不仅和其他外围护结构一样，具有一般的温差传热问题，还有因玻璃这种特殊的透明材料而带来的太阳热辐射问题，以及因门窗缝隙而造成的空气渗透传热问题和由于门窗的开闭功能而产生的室内与室外的直接热交换问题，在整个建筑的热损失中占有极大的比重。

窗户的传热过程是辐射、对流和传导传热的综合过程。在夏季，建筑外门窗从太阳辐射和室外热空气获得热量，白天，窗户玻璃受到太阳的照射，产生透射、反射和吸收三种现象，透射会直接加热室内空气，而玻璃吸收的热量则分成两个部分，其中一部分向外传播，另一部分则向内放射，使室内受热升温。由于太阳的辐射强度随时间变化，当进入晚间没有太阳辐射，室外空气温度下降至室内温度以下时，室内热量开始通过门窗内表面向外表面传递，或在开窗的情况下通过室内外空气的对流而降温。所以，一般来说，在夏季的白天，热流方向是从室外流向室内，而晚间则是从室内向室外散热。在冬季，室外气温一般低于室内温度，热流的方向是从室内流向室外，但在冬季的白天，太阳的辐射热量是从室外流到室内，这有利于室内温度的提高，应该充分利用。

（2）外门窗节能的基本要求

作为建筑外围护界面的主要组成部分，建筑的外门必须要有良好的防护功能。透明的外门与外窗也是沟通室内外视觉环境的桥梁，应该具有均匀、自然的光线和开阔的视野。外门窗在冬季应该能够接受温暖的日照，具有良好的保温性能；在炎热的夏季，则应该具有良好的隔阳、隔热特性。此外，窗户还应该具备良好的气密性、水密性、隔声性、抗风压性，开启时能够保证良好的通风换气性能。

（3）外门窗节能的基本对策

由于夏热冬冷是我国多数地区的主要气候特征，因此，此处将以具有典型意义的夏热冬冷地区作为阐述重点。夏热冬冷地区包括上海、重庆、湖北、湖南、江西、安徽、浙江等省的全部，四川、贵州两省的东部，江苏、河南两省的南部，福建北部，陕西、甘肃两省的南端，广东、广西两省的北端（该地区夏季潮湿炎热，昼夜温差较小，冬季潮湿阴冷，而且该地区的居住建筑一般都没有供暖和空调设施，以前的建筑设计业也基本上不考虑保温隔热要求，围护结构的热工性能普遍较差，冬季和夏季的室内环境条件普遍比较恶劣）。

在这样的特殊气候条件下，要很好地解决冬、夏两季的保温隔热问题，门窗的设计是关键，必须针对门窗传热的三种基本方式考虑其节能特性的提高，而不能照搬北方地区的节能经验。夏热冬冷地区的窗户节能应将侧重点放在夏季的防热上，同时兼顾窗户的冬季保温。可以从合理布置建筑朝向、控制建筑的窗墙面积比、提高外门窗本身的隔热性能、采取必要的窗户内外遮阳措施、改善门窗的保温性能等方面改善建筑的室内热环境条件，减少建筑能耗。

①合理布置建筑朝向，控制建筑的窗墙面积比

由于不同朝向的太阳辐射强度有着很大的差异，因此，在建筑的规划和单体设计阶段，就应该考虑建筑内各个空间的功能布局，尽量不要把需要较大开窗面积的房间放在不利位置。由于建筑外门窗的热损失率比墙体等其他外围护界面要大得多，因此，控制合理的窗墙面积比例，就成为建筑节能的一个关键措施，在设计中应该根据不同地区的气候条件及不同的朝向确定。

②提高外门窗本身的隔热性能

提高外门窗的隔热性能就是要提高夏季门窗阻止外界热量传入室内的能力。可根据物体传热的基本原理，从门窗材料的选择、门窗的构造、门窗制作和施工的质量等方面加以考虑，如各种特殊的热反射玻璃或在玻璃上贴热反射薄膜，都有较好的隔热效果。但应该注意的是，有些特殊玻璃或贴膜在反射太阳辐射的同时，也会降低玻璃的透光性能，应该综合考察门窗的隔热要求和透光要求之间的平衡。

③采用必要的门窗内外遮阳措施

可根据门窗的具体位置和隔热要求采用合理的遮阳设施，可在门窗的内外独立设置，也可结合窗户内部进行一体化设计。遮阳的设置位置和形式除了考虑门窗的隔热效果，还应该综合考虑建筑的内外立面效果以及遮阳对使用者观察视线的影响，不能因为强调了隔热而严重影响门窗的使用，降低了门窗最主要的功能。

④改善门窗的保温性能

保温性能通常是指门窗在冬季阻止热量从室内向室外散失的能力。可通过提高门窗的传热阻来解决问题，如变普通的单层玻璃为双层甚至多层玻璃、选用导热系数小的窗框材料、提高门窗的气密性等。

（4）外门窗节能的注意事项与具体措施

掌握了门窗节能的基本对策，就比较容易归纳出室内环境设计、施工与维护过程中有关外门窗节能的注意事项与具体措施。

①合理布局建筑朝向和门窗位置

由于我国所处的地理位置，不同地区和不同朝向的太阳辐射强度和日照率存在较大的差别，门窗所获得的太阳辐射热也不一样，因此，要想获得良好的节能效果和室内热环境质量，就应该根据不同地区不同的气候特点，合理布局建筑的朝向。如在寒冷的北方和夏热冬冷地区，应该尽可能将使用频率较高、需要大面积采光的房间如起居室、办公室等放在建筑南侧，而将使用频率较低或者采光要求不高的空间如楼梯间、厨房、卫生间、储藏室等安排在建筑的北侧，为以后整个建筑的节能创造良好的先天条件。

②合理控制各个墙面的窗墙面积比

无论是新建筑设计还是老建筑的室内外环境改造，都应该严格遵守相关的规定，合理控制各个界面的窗墙面积比。一般来说，东、西、北三个方向的门窗面积不宜过大，而南向则可以大一些。对于气候条件比较复杂的夏热冬冷地区，夏季太阳辐射时间长、强度大，东、西向尤其是西向会有强烈的西晒，因此窗户面积宜小甚至不开，而北窗的面积则只要能保证足够的采光和通风要求就可以了，这样既可以兼顾夏季的通风和采光，又不会在冬季有太多的失热，从而达到较好的综合效果。

③正确选择门窗的构成材料

门窗通常由门窗扇和门窗框两大部分组成，而门窗扇通常又由玻璃或其他板材和扇框组成，正确的窗框和窗扇材料选择是保证门窗具有优良保温隔热性能的基本前提。

④合理有效的构造设计

在材料相同的条件下，不同的构造方位会产生截然不同的保温隔热效果。

20 世纪 90 年代后期出现的中空玻璃使外窗的性能产生了质的飞跃，中空玻璃比同样材料的单层玻璃的导热系数低 50% 左右，阻热性能显著提高，其主要原因是在两层玻璃之间增加了空气间层，由于空气的导热系数很低，因此极大地提高了双层玻璃的阻热性能。在一定的厚度范围内，如果门窗材质、窗型、构造相同，空气间层越厚，传热阻越大。但是空气间层也不能无限制地增厚，当厚度达到一定程度后，间层中的空气就会因为内外玻璃面的温差而产生对流，从而抵消间层增厚带来的作用，传热阻的增长率就会减小。因此，空气间层的厚度一般不宜超过 20mm。如果在空气间层中充入导热系数更小的惰性气体如氩气、氦气等，这种特殊的中空玻璃的阻热效果将会更好。

应该注意的是，在冬季供暖、夏季空调的夏热冬冷地区，应慎用低辐射中空玻璃，如用内侧玻璃镀膜的中空玻璃，夏季晚间室内的热量无法通过窗户自然散去（除非开窗通风），势必会增加室内空调的能耗。如果采用外侧玻璃镀膜的中空玻璃，冬季又不利于室内得热，同样存在问题。要想解决这一矛盾，除非在冬、夏两季更换不同组合的中空玻璃窗扇，但由此造成的不便，使这样的做法变得太不现实。

⑤采取适宜的遮阳措施

采用遮阳的方式直接遮挡阳光对门窗的照射，这是防止室内环境通过门窗过多得热的最直接方法。窗户遮阳的设计受到多种因素的影响，应该综合考虑，尽可能做到既能保证夏天的遮阳，又不影响冬季的日照以及平时的自然采光；既能在晴天时防止眩光，又能保证在阴雨天时不致使室内光线过暗，还能够起到防雨的辅助作用；既能够保证室内通风不受影响，又能够在必要时作为导风装置，将室外风导入室内；既起到遮阳的效果，又能够为建筑的外观形象增色，当然遮阳设施还应该简单易行，经济实惠。

遮阳的具体形式多种多样，概括起来可分为选择性透光遮阳和遮挡式遮阳两种基本方式。选择性透光遮阳是指利用遮挡材料的某些特殊性能，如对阳光中特殊波长的反射、吸收、透射、折射能力，达到对门窗辐射热通过量的控制，如前面论述过的热反射镀膜玻璃、低辐射（Low-E）玻璃等。

遮挡式遮阳是指用某种方式直接遮挡住太阳防止照射在门窗上的遮阳形式，遮挡式遮阳又可分为水平式遮阳、垂直式遮阳、综合式遮阳和挡板式遮阳。

水平式遮阳是指遮阳板水平方向设置的遮阳，主要遮挡从窗口上方射来的阳光，适合南向或接近南向的门窗，也适合北回归线以南低纬度地区的北向或接近北向的门窗。

垂直式遮阳是指遮阳板垂直方向设置的遮阳，主要遮挡从窗口左右方向射来的阳光，也适合北回归线以南低纬度地区的北向或接近北向的门窗遮阳。

综合式遮阳是指水平和垂直遮阳板结合使用的遮阳方式，既能阻挡来自门窗上方的阳光，又能阻挡来自洞口左右方向的阳光，同时适用于南向、东南向、西南向和接近这些朝向的门窗遮阳，也适合北回归线以南低纬度地区的北向或接近北向的门窗遮阳。

挡板式遮阳是在门窗洞口的外侧与窗口平行设置遮阳挡板，可遮挡来自上方和接近水平方向（高度角很小）的阳光，较适用于东、西向或接近此两方向的门窗遮阳。

遮阳设施既可以安在室外，也可以安在室内；既可以是固定的，也可以是活动的，甚至可以结合运用现代科技自动调节遮阳百叶的开闭角度；既可以用传统材料如竹、木、芦苇、茅草、秸秆等，也可以用现代高科技材料，如金属、镀膜玻璃等；既可以在门窗外面附加设置，也可以结合建筑立面统一设计；既可以做成独立的，也可以与窗户本身结合起来，成为一体化的夹心百叶式，甚至还可以结合室外绿化形成窗户遮阳，如在窗外搭建水平或者垂直的棚架，种植攀藤植物，或者在离窗口一定距离内种植落叶乔木，夏季枝繁叶茂时，正好遮挡炎炎烈日，冬季树叶凋落，又不影响暖阳的直接照射。

设计师应该因地制宜地确定和设计门窗遮阳，选择集遮阳、采光、观赏于一体的既高效又经济的遮阳设施。

⑥减少窗户的空气渗透量

门窗与墙体之间、门窗外框与门窗扇之间、门窗扇与玻璃之间都不可避免地存在一定的缝隙，通过这些缝隙，会形成室内外空气的交换，从而导致室内冷、热负荷的增加，因此必须有效地避免门窗缝隙，控制通过门窗缝隙的空气渗透量。

⑦增设活动的保温隔热层

采用推拉或平开式窗盖板，内填沥青珍珠岩、沥青硅石或沥青麦草、沥青谷壳等，既可获得较好的隔热效果，又经济、易行。还可以在窗户内侧采用热反射织物和装饰布帘构成的双层保温窗帘，注意热反射织物应该设于窗帘的里侧，从而在冬季更有效地阻止室内热空气向室外流动，同时通过红外反射将热量保存在室内。

⑧选择适宜的窗型

与推拉窗相比，平开窗具有通风面积大、气密性好等优点，应该优先使用。另外，在室内设计中，房间的内门最好设有亮子，这样在房间隔声等私密性要求不高的情况下可以开启亮子，以利于夏季房间的通风。

⑨门窗的设计应该经过严格的热工计算

提高门窗的保温隔热性能是一门严密的技术，不能仅凭直观感觉确定，应该根据建筑与室内环境的节能目标进行严格的热工计算作为设计的依据。

⑩保证施工质量

门窗的节能效果还有赖于良好的加工制作和施工质量，应该严格按照设计要求进行加工制作和施工安装。

3. 屋面节能

屋面是建筑外围护界面的主要组成部分，其面积占建筑总外围护面积的 8% ～ 20%，在一些纬度较低的地区，夏季屋面所承受的直射阳光几乎与屋面成 90° 夹角，使屋面的受热比外墙要强得多，屋面的总传热阻大于外墙的总传热阻。

（1）节能屋面的基本类型

节能屋面的基本类型一般可分为以下四种，即实体材料层保温隔热屋面、通风保温隔热层屋面、种植屋面和蓄水屋面。

①实体材料层保温隔热屋面

普通保温隔热屋面。建筑屋面通常是由钢筋混凝土结构层、保温层、防水层、隔气层、屋面层等组成，普通的保温隔热屋面防水层设于保温层以上。保温层内水平方向设置纵横两个方向的分仓缝，一般为 5 ～ 6 米间距，再设一定数量的出屋面排气孔道，上有风帽，使保温层内的湿气可以借助负压作用而排出，分仓缝还可以避免保温层由于热胀冷缩而导致对防水层的水平撕裂。在保温层的下面与结构层之间还需有一道用防水材料铺设的隔气层，以防止室内水蒸气通过楼板渗入保温层而降低其保温能力和使用寿命。

倒置式屋面。倒置式屋面是指将传统屋面构造中的保温隔热层与防水层位置颠倒，将防水层设于保温层下方的做法。由于置于结构层之上的外隔热保温层对室外温度的衰减作用，使屋面内所蓄的热量始终低于普通保温隔热屋面，向室内散热也较少。另外，由于防水层置于保温层的下方，使防水层大大减小了受大气、温差以及太阳光紫外线的影响，可以减缓防水层的老化，延长使用寿命，保温层还能够作为缓冲层减少施工中防水层可能受到的机械损伤。防水层经过合理的放坡，雨水可以自然排走，即使有水分进入屋面体系，也可以通过多孔材料随时蒸发。倒置式屋面省去了普通屋面的隔气层和保温层上的找平层，更加经济、节约，而且可以简化施工，便于维修，即使有个别地方出现渗漏等问题，只要揭开该处的保温块进行维修即可。因此，倒置式屋面是一种比较完善的保温隔热屋面。

②通风保温隔热层屋面

通风屋面是指在屋面上用预审水泥板等架设一层两头贯通的空气间层的做法，空气间层的上部盖板可以直接遮挡太阳光对屋面的照射，盖板与实际屋面之间的空气接受太阳辐射升温后，可以通过膨胀热压或者与外界空气的对流排出屋面，将热量带走，从而减少传入屋面下部进入室内的热量，因此具有隔热好、散热快的特点。

通风屋面构造简单，施工简便，维修方便，经济实惠，在我国夏热冬冷地区应用广泛，尤其是在炎热多雨的夏季，这种屋面更显示出它的优越性。

③种植屋面

种植屋面是指利用屋顶栽种植物达到保温隔热目的的一种做法。种植屋面的隔热原理是利用植被茎叶的遮阳作用、植物光合作用吸收太阳能产生的自身蒸腾作用、植物基层土壤或水体消耗太阳能产生的蒸发作用等，有效地降低屋面的综合温度，减少屋面的温差传热量，是一种十分有效的隔热节能屋面。种植屋面可以有效地保护屋面的密封、隔热材料不受太阳紫外线的直接照射，阻隔了屋面材料与大气的直接接触，从而可以延长各种密封材料的老化时间，延长屋面的使用寿命。

种植屋面分覆土种植和无土种植两种。覆土种植是在钢筋混凝土屋顶上覆盖 100 ～ 150mm 厚的种植土壤栽种适宜植物；无土种植则是采用水渣、蛭石或者木屑代替土壤栽种适宜植物，具有自重轻、屋面温差小、利于防水防渗等特点。种植屋面的构造层自上至下分别由植被层、基质层、隔离过滤层、排（蓄）水层、隔根层、分离滑动层等组成。种植屋面的植物种类可以有多种选择，但一般以植草为主，因为草的适应性较强，管理容易。也可以种植红薯、蔬菜或者其他农作物，甚至还可以在屋顶上种植水稻，但生长的水肥等要求较高，管理要求较高。

除了一般的花草，屋顶还可以种植灌木，堆山叠石搞园艺，它不仅能够吸收、遮挡太阳辐射进入室内，还绿化了环境，其光合作用、蒸腾作用和呼吸作用可以改善周围的小气候，夏天隔热、冬天保温，使室内环境冬暖夏凉，堪称一种理想的生态屋顶。

④蓄水屋面

蓄水屋面就是通过一定的蓄水设施，在屋顶上蓄积一层水面，借助水的高蓄热性能和水蒸发时吸收大量汽化热的特性，降低太阳辐射热对屋面的影响，节约能源，提高室内环境的热舒适程度。这种屋面在夏天太阳光强烈，空气干燥，风速又较大的地区效果更为明显，因为水分蒸发量的大小与室外空气的相对湿度和空气流速有关，空气越干燥，相对湿度越小，风速越大，蒸发量越大。另外，由于水的高蓄热性能，太阳辐射热对室内环境的影响也会向后延时，从而减缓太阳辐射最强烈时对室内温度的即时影响。

但是，蓄水屋面也存在一定的缺点，因为水的高蓄热性能使屋面蓄水会在晚间也持续向室内外释放热量，影响室内的散热。

（2）屋面节能的注意事项与具体措施

①合理选择保温隔热屋面类型

考虑屋面节能时，首先应该根据建筑所处地区的气候特点，选择合适的节能屋面类型，以达到最佳的节能性价比。

②与相关专业人员紧密合作

应该与相关专业领域的工程师密切合作，严格按照相关规范共同完成节能屋面的具体设计方案，严格做好屋面的防水设计。

③选择适宜的材料

尽量采用导热性小、蓄热性好、吸水率小、比重轻的保温隔热材料，以增加屋面的热绝缘性能。防止屋面湿作业时保温隔热层大量吸水，降低热工性能，同时减轻屋面的荷载。通过在屋面表层喷涂一层白色或浅色涂料，或在屋顶表面铺设白色或浅色的地砖等方式，可以增强屋顶表面对太阳辐射的反射能力，但应该注意反射屋面对其他建筑或城市环境可能造成的光污染影响。

④掌握合理的屋面构造设计

倒置式保温隔热屋面的坡度应该适当增大，以 3% 为宜，以防排水不畅造成积水。当用聚苯乙烯泡沫塑料等轻质材料时，上面应设置混凝土预制块或水泥砂浆保护层。通风屋面的风道长度宜小于 15 米，空气间层以 200mm 左右为宜，架空支座应该排列整齐，以保证风道畅通，架空隔热板与山墙之间应该留出 250mm 的间距。种植屋面的种植土一般厚 200 ～ 300mm，预留泄水孔靠种植土一侧应用卵石封堵，以防种植土堵塞泄水口。

⑤选用适宜的屋顶植物

种植屋面宜选用耐日照的浅根植物，如各种花卉、草等，一般不宜种植根系发达的植物。

⑥注意建筑屋面的承载能力，确保安全

在老建筑改造中，如要增加屋面保温，尤其是希望采用蓄水屋面和种植屋面时，必须对原有建筑的屋面承载能力进行计算，以防止荷载过重而造成危险。

⑦顶层吊顶节能

建筑顶层由于直接接受太阳的辐射，对阳光的照射更为敏感，往往夏季温度要高于其他楼层，而冬季则低于其他楼层，如果不加处理，将很难保证室内的热舒适，也必然会消耗更多的供暖和空调能耗。采用简单的室内吊顶就可以较好地解决这一问题。

如果建筑顶层为平屋顶，可以在屋顶下面 80mm 左右设置轻质吊顶，吊顶内还可设置相应的保温材料，屋顶与吊顶之间的空气间层，可以有效地阻隔太阳辐射对居室的传热。如果建筑顶层为坡屋面，则可以通过吊平顶的办法在坡屋面下面隔出一个阁楼，平时可以作为储藏室加以使用。但是应该注意，无论是采用哪一种方法，吊顶一定要严格密封，如果密封不好，空气间层的作用就会大打折扣。如果阁楼兼作储藏室，也一定要保证储藏室门的密封性。

⑧严把施工质量关

严格按照设计要求和施工操作规程施工，应注意保温材料不被污损、浸湿，在任何情况下都应该小心保温层不被后续施工所损坏。蓄水屋面的所有预留孔洞、预埋件、给水管、排水管等，均应在浇筑混凝土防水层前做好，不得事后在防水层上临时凿孔穿洞。

4. 楼、地面节能

虽然与外墙、外门窗、屋面相比，通过楼、地面的热损失相对要小一些，但是在室内环境设计中也绝对不能忽视，尤其是在长江中下游等冬冷夏热地区，由于室内通常没有规定的集中供暖和空调措施，特别是在居住建筑中，各家各户使用供暖设施或空调的时间不一致，致使有供暖或空调的房间与没有供暖或空调的房间之间的关系相当于采用连续供暖或空调建筑的室内与室外环境之间的关系。这种情况可能会发生在同一楼层的相邻房间，也可能发生在相邻的上下楼层之间。相邻没有供暖或空调房间的温度很可能与有供暖或空调房间的温度有着巨大的差异，没有供暖或空调的房间就会扮演类似于室外的角色，相邻房间之间的隔墙或上下楼层之间的楼板也就相当于建筑的外墙，随时都有可能成为冷（热）损失的通道，在这种情况下，建筑的内部隔墙和楼板的隔热就显得十分重要。

（1）底层有架空层的地面

当底层有架空层时，一层地面的下侧（外侧）直接与室外空气接触，这时的地面就相当于水平放置的外墙，只不过它不接受阳光的直接照射，而只与室内外空气之间进行传热。在这种情况下，通常的120mm空心楼板是无法达到节能的热阻要求的，必须进行必要的保温隔热处理，而且要防止梅雨季节地面的凝结返潮现象。因此，防潮也是地面设计的一个重要方面。

节能住宅的底层地面或地面架空层的保温性能应不小于外墙传热阻的50%（传热阻从垫层起算），当地面架空时，应该在通风口设置活动挡板，夏天开启通风，冬天关闭保温。挡板的传热阻应不小于 $0.332m^2 \cdot K / W$。

（2）普通地面

在寒冷的冬季，供暖房间地面下土壤的温度一般都低于室内气温，特别是室内靠外墙的周边地面（即外墙面以内2米范围内的地面）以下的土壤受室外空气和周围低温土壤的影响较大，很容易出现“热桥”，通过这些周边部位散失的热量占有很大的比例，应在节点设计时增加此处的保温隔热材料，提高传热阻。

5. 利用建筑体形节能

凸出房间遮挡凹进房间的日照，凹进越深，凹进房间的外墙宽度越小，日照遮挡就越严重。凸出房间与室外有两个直接接触面，外表面积远大于不凸出的房间，与室外通过外围护结构的热交换量相对较大。所以，凹进房间和凸出房间均不宜作为起居室和主卧室等主要空间。由于起居室和主卧室多在南向，那么住宅平面必要的凹凸应多选在北面，主要房间与室外的直接接触面积不宜过大。

住宅楼的东、西端部房间和顶层房间，与室外直接接触面积比中间的一般房间大，与室外的热量交换比一般房间多，这些房间冬季室内气温相对要低，从人体热舒适和住宅建筑节能的角度考虑，这些房间不宜作为起居室和主卧室等对室内热舒适要求较高的房间。

在南向房间的外侧设置阳台会影响房间在冬季获得充分的日照。由于不同房间的使用时间和使用手段不同，如起居室一般在白天和晚上使用，卧室一般在夜间使用，所以可将南向阳台或阳光间布置在起居室的侧面、相邻卧室的外侧，这样就可以避免阳台影响起居室在冬季白天获得太阳照射而使起居室得热。

第三节 材料循环利用与室内节材策略

一、建筑材料对环境的影响

我们使用的建筑材料会加速资源的短缺，并对气候变化、水资源短缺、生物多样性的减少、垃圾废物的产生甚至人类的健康带来影响，在材料的生产过程中还会造成环境污染。

材料的过度使用带来的最直接的影响就是资源短缺。许多自然资源是有限的，或者更新再生的速度极慢。矿物燃料是一种有限资源，而从矿物燃料中提炼出来的纯净原材料（如塑料）也同样会使用殆尽。金属也是有限资源，按当前的开采速度，地球所储存的铅、锌、铜等矿产预计将在下个世纪中期开采完毕。石头也是经过千万年大自然地质变化而形成的，然而人类现在开采的速度远远超过自然再生的速度。尽管目前石材资源仍比较丰富，但对一些出产特殊石材的地区，过度开采会导致该地区的石材资源减少，同时会对当地的自然景观环境造成破坏，如在英国，原始板岩的出产量已经非常低了。

木材虽然是可再生的资源，但由于树要经过很多年才能成材，因此其更新再生的速度也非常慢，对于热带的硬木来说更是如此。世界上目前约有 10% 的树种濒临灭绝，而如桃花心木、沙比利木以及一些胡桃木类的树种被归为较为稀缺的树种。除非我们保证森林能够达到新的生长平衡，并只砍伐资源丰富且生长速度快的树种，否则有些树种将最终消失。随着木材和燃料资源的逐渐耗尽，砍伐森林还将导致野生动物栖息地被破坏，甚至使一些物种濒临灭绝，如婆罗洲的红毛猩猩和苏门答腊虎。此外，砍伐森林还会造成水土流失，破坏海洋生态系统，并导致土壤贫瘠。森林资源的减少还使植物从空气中吸收二氧化碳的能力相应减少，从而加剧环境变化。

材料的使用还会对环境变化有间接的影响，因为材料的整个生命周期中都有能源的消耗，这被称为“内含能量”，即在材料的获取、加工、生产、运输、安装、维护、拆除及废弃的整个过程中消耗的能量。例如，一个用于建造的石板构件，需要从采石场开采原料，之后运输到工厂进行切割、打磨，加工成板材后，再运送至建筑施工地点，被安装于特定的位置，而这只是完成了整个工程极小的一部分。一旦建筑投入使用，这块石板还需要定期清洁、维修或更换。

而当这块石板构件报废时，它还必须被拆除、运输，进行回收利用，或是被运至垃圾场。在这个很长的过程中，每个环节都离不开燃料的使用，因此，这块石板自然会带来碳排放并影响气候变化。

同内含能量一样，材料使用中还会有“内含水”。材料整个生命周期的大部分阶段都会用到水，因此材料的使用也会加剧水资源的短缺。材料生产过程中的用水量主要取决于材料本身，天然材料的加工过程较少，用水量就少，但棉织物是一个例外，其生产过程的用水量占世界用水量的近 3%。棉花的主要产地通常是那些清洁用水较为缺乏的国家。棉花种植首先需要大量的灌溉用水，之后在棉花被加工成棉织物的漂白、染色、印刷、制成成品的过程中也需要大量的水。此外，种植和生产过程中使用的肥料、农药和化学原料还会对河道造成污染。

建筑业使用的材料还是垃圾废料的主要来源。垃圾会给土地使用带来压力，还会造成污染，包括温室气体排放从而引起气候变化。原有建筑和空间的拆除、建筑所用新材料的过量订购、加工过程中的低效率以及设计不符合标准模数等都会导致建筑垃圾的产生。如为了迎合最新潮流，对一个已经配置齐全的室内进行彻底改造，而设计时又没有考虑对现有材料进行回收利用；再如室内所用瓷砖，就可能因为想要享受批发折扣而批量订购，或是因为供货周期较长担心材料用尽耽误施工而过度订购。

最后，室内设计师选择的材料与我们自身的健康和生活幸福与否关系密切。许多饰面材料、胶黏剂和家具陈设中都会排放挥发性有机化合物释放的有毒气体，导致室内空气被污染。再加上某些材料和环境会产生粉尘和霉菌，所产生的空气污染导致了“病态建筑综合征”和哮喘的发生。

二、砖的生命周期

所有材料在其生命周期的每个阶段都会对环境产生影响，这些阶段包括材料的获取、加工、生产、运输、安装、维护及废弃拆除。

（一）获取阶段

原材料的获取是砖生命周期的起点，通常涉及采掘黏土或页岩等自然资源。采掘过程中需深挖地表，这一过程不仅会破坏当地生态环境，还会引起土壤侵蚀和水体污染。因此，在获取阶段，必须采取严格的环保措施，尽量减少对自然生态的破坏。使用机械设备进行采掘会产生噪音和粉尘污染，这些问题需要通过技术改进和管理措施加以控制。同时，应优先选用可再生或对环境影响较小的原材料，以降低生态足迹。

（二）加工阶段

采掘到的黏土或页岩需要经过初步处理和加工，通常包括粉碎、筛分和混合等步骤。加工过程中使用的机械设备需要大量能量，通常依赖电力或化石燃料，这对环境造成进一步影响。为了减少能源消耗和环境污染，现代加工工艺逐渐引入节能设备和技术，如高效粉碎机和自动筛分系统。同时，粉尘和废水处理设施的改进也在不断进行，以确保加工过程中产生的废弃物能够得到有效处理和回收，减少对环境的影响。

（三）生产阶段

在生产阶段，经过处理的原材料被送入窑炉进行烧制，这是一个高能耗和高排放的过程。传统的窑炉以煤或天然气为燃料，燃烧过程中会产生大量二氧化碳和其他有害气体。为了实现绿色生产，许多砖厂开始采用电窑和太阳能窑等清洁能源技术，以减少碳排放。此外，生产工艺的优化，如低温烧制和快速干燥技术，也有助于降低能耗和提升生产效率。生产过程中产生的废料和次品砖可以回收再利用，进一步减少资源浪费。

（四）运输阶段

砖块的运输是生命周期中的一个关键环节，通常需要长途运输才能到达施工现场。运输过程中主要依赖卡车、火车等交通工具，燃油消耗和尾气排放对环境产生不利影响。为了降低运输过程中的碳足迹，可以优先选择距离较近的供应商，减少运输距离。此外，采用清洁能源车辆或优化运输路线，也能有效减少排放和能耗。装载和卸货过程中的损耗和损坏问题也需要通过改进包装和运输技术加以控制，确保砖块在运输过程中完好无损。

（五）安装阶段

砖块的安装阶段涉及现场施工，这一过程对材料的利用率和施工废料的处理具有重要影响。合理的施工规划和高效的安装技术，能够提高砖块的利用率，减少切割和修整的浪费。使用预制模块化的砖块设计，能够简化安装过程，减少施工时间和成本。施工过程中产生的碎砖和废料可以进行回收和再利用，用于其他建筑或基础设施项目。此外，通过培训和管理，提升施工人员的技能和意识，也能有效减少安装阶段的材料浪费。

（六）维护阶段

在建筑物的使用期间，砖块需要定期维护和检查，以确保其结构稳定和美观度。维护过程中可能需要修补或更换损坏的砖块，这一过程会产生一定的材料消耗和废弃物。为了实现可持续维护，应优先选择高质量的砖块和施工工艺，以延长建筑物的使用寿命。定期的检查和预防性维护，可以及时发现并处理潜在问题，减少大规模修复的必要性。使用环保和可再生的维护材料，也有助于降低维护阶段的环境影响。

（七）拆除和废弃阶段

建筑物在使用寿命结束后需要拆除，这一阶段会产生大量的建筑废弃物。传统的拆除方式通常是整体破坏，产生大量无法再利用的废料。为了实现材料循环利用，拆除过程应采用分解和分类的方法，将可再利用的砖块和其他材料分离出来。通过专业的回收和处理设施，废弃砖块可以被粉碎和再加工，用于新的建筑材料生产或其他用途。拆除阶段的可持续管理，不仅减少了废弃物的填埋量，还为新建筑提供了再生资源，实现了材料的循环利用。

三、地毯的生命周期

目前，许多地毯生产企业已经开始采取措施，尝试解决其产品在生产过程中对环境造成影响的问题。

（一）获取阶段

工厂主要从当地获取原材料，并将石油基的纱线更换成可回收或再生的天然纱线。同时采用了沥青基的地毯底布，它具有很高的可回收成分。

（二）加工阶段

该公司的供应链政策要求对供应商的可持续性资质进行评估，并与供应商一起合作，降低产品对环境的影响。

（三）生产阶段

工厂采取了许多降低能源消耗的措施，包括智能化的传输系统和精密机械，以最大限度地减少水的消耗和垃圾的产生。其欧洲的工厂都采用可再生电力能源，并将工业废料回收用于新产品的生产。

（四）运输阶段

公司几乎所有产品都销往欧洲境内，以减少运输的里程。此外，公司还支持其运输企业降低对环境的影响。

（五）安装阶段

沥青基底布的挥发性有机化合物排放量极小，而且可以无胶黏结，从而保证了良好的空气质量。公司生产的每种源于仿生学的地毯产品都具有各自独特的外观，创造出了随机而不定向的地板图案。购买产品的顾客还可以选择参与一个碳排放的计划以抵消他们所购地毯在生命周期中的碳排放。

（六）维护阶段

地毯随机图案的设计源于仿生，这使每一块地毯在磨损或被损坏后都可以被单独地更换，从而最大限度地减少浪费。

（七）拆除和废弃阶段

该公司的回收系统使地毯在结束其使用周期后可以由公司回收，以用于新地毯或其他产品的生产。沥青基底布和固体胶黏剂都是可以回收的，公司还在计划对已使用的纱线也进行回收。

四、走向可持续的规范

设计项目的特性，如类型、地理位置与预算，显著影响着设计策略，尤其在材料选取与可持续实践方面。翻新项目赋予设计师再创造的自由，利用现有资源创新，而新建工程则提供了实验环保建材的舞台，推动绿色建筑的发展。依据项目所在地域，优选本土材料与技术，不仅缩短供应链，还能减少运输过程中的能耗，体现地方特色。

项目的生命周期是考量材料选择的重要维度：

对于临时设施，设计时应着重考虑材料的回收潜力或二次利用的可能性，确保拆除后的资源再循环。短期工程的即时效益虽有限，但在材料的高能耗与资源消耗评价上需谨慎，提倡节约用材，采用模块化或预制组件以减少浪费。鉴于此类项目对材料持久性要求不高，选用可再生自然资源，并确保高效使用，成为优选方案，兼顾环保与经济效益。

对于使用期限不确定的灵活性项目，选择的材料或产品最好具有多功能性。耐用且维护成本低的材料非常适合，这种材料可以适应室内经常性的重新布置带来的磨损。

对于长期性的项目，如果一些材料很耐用或有良好的保温隔热性能，那么即使它们有着较高的内含能量，室内设计师还是可以选择这些材料。这包括一些技术含量高，比相应的天然材料需要做更多加工的材料，如一些人工合成的保温隔热材料，尽管其内含能量较高，但它可以用在墙壁或屋顶，以提高建筑的保温隔热性能。由于一些人工的保温隔热产品在很薄的情况下具有很高的保温性能，因此当那些已建成的建筑受空间限制而无法使用较厚的保温隔热材料时，使用这种材料可能是降低热损失的唯一解决办法。类似的材料还有混凝土，其内含能量较高，但可以提高建筑的热质量，有助于被动式设计策略中的太阳能利用。材料的耐用性和性能对长期性的建筑项目非常重要，设计师还应考虑每种材料使用过程中所需的清洁和维护工作，这些都会用到水、化学物质和能源。居住使用过程中的空气质量也是需要关注的主要方面，因为室内空气质量会在未来许多年里影响居住者的健康。

五、可持续材料规范

当考虑材料的可持续性时，室内设计师应首先考虑减量使用，其次考虑重新使用，再次考虑回收利用，最后考虑可再生资源的使用。下面我们通过一个选择地面材料的例子加以阐述。

（一）减量

室内设计师在设计一个项目时应该先考虑降低材料的使用量以及材料对环境的负面影响。这意味着要减少原材料的用量，包括减少与材料使用有关的废料、包装、内含能量、水、运输以及环境污染等。设计师还应考虑产品潜在的生命周期，在其生命周期的每个阶段都力求减少对环境的影响。

设计师应该核实设计中是否真的需要某些材料或产品，从最基础的层面考虑降低材料的使用量。如果确实需要这些材料或产品，那么尽量使用未经处理的材料或利用材料本身的表面质感，如胶合板或清水砖墙应尽量避免附加的表面处理。高效地利用材料是另一个有效的方法，如采用宽大的金属网要优于实体的金属板，木材可用薄木贴面减少用量。同样的，产品也可以被赋予多功能性而提高使用效率，如软木的墙壁板可以兼作可钉东西的公告板。

选择耐磨、耐用且很少需要维护的材料可以减少对额外材料的需求，同时可以尽可能地减少已使用空间的垃圾废物的产生。而且，耐用的材料不太需要维修和表面翻新，也不会轻易被丢弃或替代。

设计师很少考虑的一个重要方面是包装，实际上包装材料本身也会产生废料垃圾，且会消耗有限的资源。设计师应选择包装少而简单的产品，还应选择那些注重适度包装或提供包装回收服务的供应商。

选择内含能量和内含水较低的材料无疑会减少对能源和水的消耗。选用天然材料意味着比选择人造材料消耗更少的能源和水，但也有例外。

室内设计师可以通过使用当地的材料和产品减少运输过程中的碳排放，这同样会减少产品在离开其产地或工厂后所需的能源消耗。对材料和产品的选择会因不同的国家和地区而不同，但使用当地的石材或木材树种是一种非常合理的选择。例如，在任何地方，建筑施工中挖出的泥土做成的土块都可以用于墙体的建造，这是一种最符合就地取材的材料。使用质轻的材料也是一种非常有益的选择，因为它们在运输过程中对燃料的消耗要比质重的材料少。

最后要考虑的是减少在项目施工、使用和拆除过程中产生的污染。用于材料表面涂饰、处理、黏结、胶合和密封的化学物质是挥发性有机化合物的主要来源，在地毯、家具、纺织品、油漆和涂料中普遍存在。选择无甲醛、低挥发性有机化合物或低挥发性的产品以及天然的材料和表面处理方法，有利于提升室内的空气质量。低挥发性有机化合物的涂饰在进行材料涂饰处理时也非常安全，因为其不会释放有毒气体。还可以选择一些植物性的有机材料，如棉、羊毛和麻等，即在种植、养殖过程中不使用化学农药和肥料的动植物材料。合成染料在生产过程中会造成环境污染，因此不染色或天然染色的织物是对环境更友好的材料。最后，使用深色或有图案的材料可以减少室内使用过程中使用含化学物质清洁产品的需要。

（二）重新使用

当设计项目中使用的材料量和对环境的影响已经被控制到最小之后，室内设计师下一步需要考虑的问题就是——材料的重新使用。材料的重新使用同样需要考虑项目的整个生命周期。材料的重新使用是指重新使用拆下的和回收的旧材料，以及确保在项目使用周期结束时一些特定的材料可以回收再利用。材料的重新使用可以避免可利用的材料进入垃圾场，同时可以节约因生产新的材料造成的内含能量和水的消耗。在实际操作中，重新使用通常意味着减量，因为重新使用已有材料减少了新材料的需求量。材料重新使用还减少了对许多原始材料的消耗，同时减少了原始材料在整个生命周期内引发的环境问题。

如果已有的建筑无法保留，那么其材料可以被回收用于新建建筑。砖、门及一些家具都可以被回收并重新使用。旧建筑改造亦是如此，室内已有的构件可以在新改造的设计中重新使用，地毯、灯具、窗帘和家具都是可以继续使用的。在任何情况下室内设计师都必须考虑已有设施拆除后的处理方式，如果已有的材料无法重新使用，那么应考虑这些材料是否可以回收利用，是否可以送至当地的废物回收站或跳蚤市场，是否可以捐赠给慈善机构或登广告再次出售。

回收的材料还可以从其他渠道获得，如废品回收站、跳蚤市场、旧货商店等都是很好的途径，可以帮助设计师找到独特而有韵味的产品，从而突出室内设计的特色，而且花费往往比购买新的产品要低得多。这些可以被重新使用的材料包罗万象，包括纺织品、家具、装饰物品、木地板和砖石材料等。对材料的重新使用可以沿用原来的设计形式，也可以改作他用，这为室内设计的创新提供了无限的空间。例如，旧的窗帘可以做椅子的软包，小块地毯可以设计成壁挂。目前，一些产品设计师专门从事产品的再设计，涉及的产品从灯具到家具一应俱全。在“争鸣”网站上可以找到其能够提供的可重新使用的建筑材料的清单，同时网站上刊登了可重新使用建筑材料的需求信息。

另外，设计师要考虑这个项目中所选择的材料在该项目的使用周期结束后是否能用于另一个新的项目，往往具有标准规格和传统配色的产品更容易在另一个设计中被再次利用。

（三）回收利用

回收利用与重新使用不同，回收利用是对已有材料进行再次加工以形成新的材料形式，是将垃圾场中的报废材料进行回收加工以减少生产新产品所需要的原材料。重新使用比回收利用更加有效，因为在材料回收加工过程中需要额外的能源、水和运输的消耗。为了促进材料的回收利用，室内设计师可以选择具有可回收成分的产品，还可以在已投入使用的室内空间设置回收材料的相关设施，同时应该保证其选择的材料在项目使用周期结束时可以被回收利用。

可供室内设计师选择的具有可回收成分的产品种类繁多，从基层材料，如刨花板、石膏板、地毯衬垫，到更为光鲜亮丽的装饰材料，如玻璃、地毯、塑料板、织物顶棚、橡胶地板和瓷砖等。

一个非常简单但非常重要的设计措施是在已使用的室内空间设置一个回收材料的储存空间。为不同种类的可回收废物设置分类垃圾箱，保证垃圾箱的布置合理便捷，以更好地鼓励建筑使用者积极参与材料的回收。如果设计项目有室外空间，或者该空间有有机垃圾产生的话，那么还需要为可回收的食品垃圾设置堆肥箱。

室内设计师需要确认所选择的材料是否可以回收，需要注意许多材料只是理论上可以回收，实际上能否回收取决于当地的回收体系。塑料回收的问题更大，因为不同种类的塑料必须分开回收，最好的办法是选择生产企业提供回收服务的产品，这在地毯生产企业中已经很普遍了。由单一材料制成的简单的产品要比由几种材料复合制成的产品更容易分类回收。“废旧资源行动计划”和“材料回收”网站上提供了具有可回收成分材料的相关信息。

（四）可再生材料

如果在设计中会不可避免地使用一些原始材料，那么室内设计师应注意选择源于可再生资源的材料，包括天然材料和人造合成材料，因为合成材料也是以天然原料为基础原料的。

设计师应选择那些资源丰富、生长速度快且具有再生能力的天然材料。资源丰富的树种有白蜡树和落叶松等，竹材和麻类植物则属于速生植物。羊毛和羊驼毛属于可自我再生的动物产品，而栓皮栎树则可以重复收割再生。设计师还应避免潜在的非法森林资源消耗，如在一些法规制度不健全的国家出现的非法割胶和砍伐树木现象以及对一些珍稀树种的砍伐破坏。

设计师在选择人造材料时，需要了解其原始成分及其对环境的影响，如塑料是资源有限的矿物材料的副产品，而混凝土可能来自海洋中的砾石。再生塑料和由再生骨料制成的混凝土将是更好的选择。

（五）材料选择

我们已经知道室内设计师在选择可持续材料时需要对各方面进行考虑，同时仍有许多独立的信息资料可以帮助设计师做出更好的决定。下面我们将介绍如何利用这些经验、知识，比较和评价室内的各个组成部分在使用不同材料时对环境造成的不同影响。我们还将进一步推荐一些有用的在线产品资料和指导信息。

尽管那些经过测试的天然材料和传统的建筑技术在具有环境意识的设计中占有重要地位，但是室内设计师也需要以更开放的态度对待新材料和新的建造方式。当今最新的研发成果，如纳米技术、数字影像、仿生学和LED光源等，都正在制造可以节约能源和对环境有益的“智能”材料，从可以发光的墙纸到保温的涂料，各种发明创造层出不穷。“跨材料”“材质”和“异型材料”等网站都提供了有关新型材料的有用信息。

1. 基层材料

室内设计师通常会选择的基层材料有木质板材、玻璃、金属和石灰板，这些材料既可以作为表面装饰材料，又可以成为被装饰的基材。

（1）木质板材

木质板材包括刨花板、胶合板、水泥、泡沫板和纤维板等。一方面，这些板材都是利用最少的木材原料制成的轻质、高强度的板材；另一方面，这些板材常常含有有毒的树脂胶黏剂，同时木材可能来自不可再生的林业资源。

纤维板，如中密度纤维板常以针叶木材的纤维碎屑黏合而成，这种板材虽然将木材加工中的废料加以有效利用，但是通常都含有有毒树脂胶黏剂，会加剧室内空气的污染。设计师应该选择无甲醛释放的板材，并确保木材原料来自木材废料或其来源获得了正规认证。秸秆人造板是将农业秸秆回收利用制成的，如果就地取材进行生产的话，其所需的内含能量很少，因此这种材料是一个很好的选择。

刨花板，如木屑压合板和定向刨花板是由木材刨花与树脂黏合压制而成的板材，这种材料的内含能量很高，其生产过程中需要加热，同时需要添加含有有毒甲醛的树脂胶黏剂。因此，采用回收木料和经认证的木材原料的刨花板对环境的影响相对较小。

胶合板是由很薄的木材单板胶合而成的具有复合强度的板材。胶合板的内含能量同样很高，含有含甲醛的树脂胶黏剂，因此确保使用经过认证的木材原料也非常重要。

水泥刨花板是由刨花与水泥聚合而成的板材。水泥使该材料具有较高的内含能量，因此水泥刨花板也被认为是有害废物类材料，但有些水泥刨花板也含回收的木材废料。

纤维板是环境性能最好的木质板材。室内设计师应坚持选择无甲醛树脂胶黏剂和由经过认证木材原料制成的板材。

（2）玻璃

玻璃的内含能量适中，其构成原料是天然且储量丰富的资源。玻璃无毒，可以回收；也可以使用以回收玻璃制成的玻璃质地砖和台面，这类产品可以降低内含能量的消耗并减少垃圾的产生。

（3）金属

金属的内含能量比玻璃要高，原铝就是一个极端的例子，并且金属的生产依赖不可再生的资源，但是金属可以回收，这可以降低内含能量，同时可以保护原材料。金属的生产带来的污染非常严重，但最终的产品是坚硬、耐磨且无毒的。需要注意的是镀铬的金属装饰材料，这种材料的生产需要消耗珍稀的天然资源，同时生产过程会产生有毒的废物。

（4）石膏板

石膏板是指用石膏制成的板材。石膏板的内含能量较低，也是一种热绝缘材料，但是石膏板在安装及使用周期结束时都会产生大量的垃圾废料，还含有污染性的硫酸盐。再生性的石膏板是由石膏废料回收再利用制成的。

2. 地面材料

对于地面材料，从天然材料到人造合成材料，室内设计师有很多选择。天然材料有硬质的表面材料，如木质板材、竹材、瓷砖或石材；也有光滑柔软的表面材料，如软木、油毡和橡胶，还有由羊毛、棉或其他植物纤维（如海草、剑麻、椰壳和麻布）制成的地毯。可替代的人造材料包括一些光滑的表面材料，如可回收的橡胶、乙烯树脂以及由回收的 PET 树脂、尼龙、聚丙烯和聚酯纤维制成的地毯。

一方面，硬质的地面装饰材料非常耐用且可以回收，但另一方面这类材料的内含能量较高，如要将石材从很远的国家运输过来需要消耗很多能源。就地取材的木材可以降低内含能量，但要确保选择的木材树种是产量丰富且来自管理良好的森林的可再生资源。对于强化木地板，设计师应确定贴面的木材以及地板基材的木材是否是可持续的资源。如前所述，竹子的生长周期很快，是典型的可再生资源，但如果一个设计项目要从很远的地方运输竹材的话，那其内含能量就会很高，同时要确定竹材砍伐是否会对大熊猫的栖息地造成破坏。

天然的软质材料多是可再生、可降解、无毒且耐用的，但其生产过程中使用的肥料会带来污染，其在进口运输过程中还会造成内含能量的消耗，这些也必须引起重视。例如，用于制造油毡的亚麻在种植过程中使用的肥料会造成水和空气的污染，而从海外进口的软木则会提高内含能量的消耗。但是，作为其替代品的乙烯基人造材料的缺点更多。尽管人造材料也很耐用，但其原材料是有限的矿物材料，而且这种材料在垃圾场里的降解速度相当缓慢。

对于地毯最需要考虑的是垃圾废料的产生，因为在地毯的生产和使用过程中会产生大量废料，但是地毯材料可以回收，同时一些生产企业也提供回收服务，从而可以缓解这一问题。天然纤维如果是就地取材的话其内含能量较低，而且它来自可再生资源，但在其生产和加工处理阶段也会产生有毒废物。比如，羊毛生产过程中会使用有毒的化学洗涤消毒水，而棉花在生长过程中也会使用大量的农药。此外，大部分地毯在使用过程中都需要定期清洗，这也会用到水、能源和化学洗涤用品。

最具可持续性的地板材料有软木、油毡、本地石材、羊毛、植物纤维以及经认证或回收利用的木材。乙烯基塑料和不可回收的尼龙材料通常应避免使用。

如果需要底层衬垫，那么最好选择天然材料，如毛毡或麻布；或是再生材料，如再生橡胶等。在使用软木、石材或木材时，还应注意避免使用挥发性有机化合物释放量很高的密封剂。“可持续地板”网站提供了有关地板材料对环境影响的相关指导信息。

3. 表面装饰材料

常用的表面装饰材料包括油漆涂料、密封剂、灰泥和墙纸等。它们可用于多种材料的表面，如墙体、地面、顶棚以及家具和设施的表面。矿物涂料、黏土涂料、石油基的乳液、水性丙烯酸植物涂料、酪蛋白和石灰都是天然的涂料。人造的替代材料有乙烯基树脂或丙烯酸乳液以及水性或油性的合成油漆涂料。天然的墙纸可以由纸、植物纤维、丝绸或棉花制成，而乙烯基树脂和金属箔片都是人工合成的材料。密封剂包括天然的硬蜡、亚麻籽油、桐油以及工厂生产的水性或油性清漆。灰泥由黏土、石灰、石膏或水泥制成。

（1）油漆涂料

油漆涂料由溶剂、黏合剂和颜料三部分组成，它们都会对环境造成影响。根据所用溶剂的不同可以将涂料分为水性（丙烯酸）或油性两种。在油漆涂饰过程中及室内投入使用后，油漆溶剂中都会有挥发性有机化合物释放出来，合成油漆的挥发性有机化合物释放量更高，尤其是那些油性涂料。合成油漆在其生产和废弃过程中还会产生大量有害废物，而且其材料来源是不可再生的石油。天然油漆的有毒物质较少，但耐久性相对较差。“生态工匠”网站提供了有关天然油漆的指导性资料。

（2）密封剂

密封剂用于保护木材和为木材施加颜色。清漆在喷涂中会释放有毒烟雾，但喷涂完成后则会很稳定，水性的清漆在喷涂中有毒物的释放则较低。油性漆含有干燥添加剂，并在喷涂数个星期后还会有有毒物质释放。蜡的组成虽然以天然原材料为主，但是通常都含有有害的添加剂，如甲醛。但也有在蜂蜡和巴西棕榈蜡中添加天然油和树脂的全天然的产品。在使用染色剂时，无毒、水性的以天然染料为基础的产品是最好的选择。

（3）灰泥

对于灰泥来说，内含能量和垃圾废料是主要应该考虑的问题。水泥的内含能量最高，其次是石膏和石灰，黏土最低。而且，水泥不能回收，石膏和石灰如果废弃后被丢弃在垃圾场则会成为有害的垃圾废料。不含合成添加剂的天然黏土灰泥是无毒、可再生且可回收的材料。

（4）墙纸

天然墙纸采用的是可再生的材料，而乙烯基树脂和金属箔片墙纸采用的则是有限性资源，同时会带来污染和垃圾处置的问题，乙烯基树脂还会排放废气。然而，设计师也应避免采用以非有机方式生产的棉花制造的材料。如果采用纸质材料的话，还应确定其是否来自可持续的木材资源。墙纸铺装时用的胶黏剂是最需要注意的，因为胶黏剂很可能是有毒的。室内设计师应选择水性胶黏剂，并选用轻质的墙纸，以避免强力胶黏剂的使用。

总之，最好避免使用人造油漆涂料，最好选择采用天然颜料的亚麻籽油乳性涂料，或是水性植物涂料。如果需要密封剂，水性清漆、没有添加剂的天然油性漆以及添加天然树脂的蜂蜡都是最好的产品。对于墙体表面材料、天然墙纸，经过认证或回收再生的墙纸、黏土灰泥等都是理想的选择。

4. 纺织品

对于室内的窗帘、百叶窗、墙面、家具软包或软垫，设计师可选择的纺织面料种类繁多。天然的材料包括羊毛、棉、毛毡、麻和皮革，而尼龙、聚酯纤维、腈纶、醋酸纤维、人造丝和丙纶都是可选择的合成材料。

纺织面料的生产和维护过程与许多环境问题密切相关，但是要在天然纺织面料和人造纺织面料间做出合理选择并不是一件容易的事情。通常人造纺织面料的生产过程需要更多的能源和水，但其生产过程大部分是无污染的。相反，天然面料在染色和加工处理过程中会造成严重的水污染，同时要注意原材料的清洗和运输过程中污染物的排放。棉花的生产需要大量的水和农药，在加工处理的过程中还会用到有害的化学物质。不使用有害农药且用水较少的有机棉花对环境的影响较小，类似的替代面料还有由很牢固的麻纤维或黄麻制成的麻布。

天然材料都是可再生的，但相应的合成材料通常都来自有限资源。尼龙、聚酯纤维、腈纶和丙纶都是石油产品，因此需要消耗矿物材料，而醋酸纤维和人造丝则是从可再生的天然纤维中提取制成的。

合成纤维面料不可生物降解，因此会产生长期性垃圾。皮革不会造成浪费，因为它是肉类的副产品，但设计师应确定其材料来源是否对动物的生活带来伤害。此外，皮革在鞣制、染色以及使用后的清洁中也会因用到有毒的化学物质而对环境造成污染。小山羊皮和麂皮尤其需要经常清洁。由皮革厂的生产废料制成的产品则会相应减少上述所说的问题。

总而言之，天然的面料如羊毛、毛毡和麻是较好的选择，但设计师要确定其材料来源和生产方式不会增加对环境的不利影响。同地面材料一样，最好不要使用乙烯基树脂、不可回收的尼龙以及非有机的棉质面料。选择未经染色处理的或用天然颜料染色的纺织面料十分重要，尽管天然颜料也会带来一些污染。另外，可以使用深色或有图案的面料，这样表面沾到的灰尘和污渍就不会那么明显，从而可以减少使用过程中清洁的次数。

5. 家具

家具可以由木材、竹材、硬纸板、金属、塑料和纺织品制成，所列的许多材料已经在前面进行了讨论。此外，如果耐用性不是主要问题的话，那么硬纸板是一种可持续的材料选择，但纸的来源是否得到认证以及是否来自可回收的资源都需要设计师进行确定。塑料类材料，如前面提及的乙烯基树脂来自不可再生的石油资源，其生产过程会产生污染，也会排放有毒化学物质，还会产生长期不可降解的垃圾。再生塑料则在这些问题上有较好的表现。

制造家具最好选择当地取材的、经认证的木材或纸板以及上述推荐的纺织面料。但是，设计师也可以在旧货商店选择二手家具，这些家具常常能很容易与任何室内设计相协调。这些旧货包括椅子、桌子、沙发、床，以及一些灯具、绘画、雕塑等装饰品。

6. 补充信息

网上有很多帮助室内设计师选择可持续产品的信息，有些是关于常规的可持续建筑材料的，有些则是针对某些特定方面的，如材料的可回收成分。我们之前提到了有关创新型产品的“跨材料”“材质”和“异型材料”几个网站，还有关注产品可回收成分的“材料回收”“废旧资源行动计划”网站以及关于低挥发性产品的“绿色卫士”“绿色产品创新协会”网站。此外，“星球产品”“可持续产品之选择”“绿色工业资源”“绿色建筑资源”以及“绿色细则”的“绿色建筑产品”等都提供了可持续产品的分类名录资料。这些独立资料绝大部分是公正的，并且那些专门从事可持续建筑产品销售的人员也会为设计师提供许多有用的信息。

（六）结构与建造方式

在考虑材料和表面装饰的同时，我们必须关注它们相互结合的问题。一个设计项目选择的结构与建造方式将会决定其对环境的影响程度，室内设计师在其中起到的作用非常关键。

1. 结构与建造方式的影响

设计项目中各种材料的结合和连接形式会对气候变化、资源短缺、废弃物产生、人类健康以及水资源枯竭等产生很大的影响。

结构与建造方式会影响室内的热工性能和维护需求，也会影响能源的使用，从而导致对气候变化的影响。不同厚度的多种材料可以被组合在一起，以提高室内的热工性能，这是对能源消耗进行被动式控制的重要方法。室内的维护保养形式和频率也会决定内含能量的消耗。此外，能源多用于驱动建筑工地上的各种工具和设备，使用起重机的长期性建筑项目尤其耗能。

有些结构与建造方式，如采用实心砖或大体块的隔断等是非常浪费资源的，建造这种结构需要大量材料以构成坚固的建筑构件。同样，一些构造细节，如各种材料的结合和连接方式，通常都很复杂、精密，这也许会需要更多的材料。此外，那些与材料的力学性能不相适应的结构与建造方式将会造成资源的浪费，如材料的使用多于实际需要，则会因运输量的增加而消耗更多的燃料，从而带来更多的污染排放。

建筑的结构与建造方式还会在很大程度上决定施工过程、室内运行以及拆除过程中产生的垃圾量。如果一个建筑项目的设计不够周全，则可能因没有考虑到模数化的标准而需要将许多材料进行切割才能安装，这样会产生许多边角废料。同样，一些设计者没有认真计算所需材料的最低订购量和批量大小，这也可能会导致过量订购材料，造成浪费。提前购买的材料在工地储存的过程中也极易因天气或碰撞、跌落而受损，从而造成浪费。

当室内项目结束后，建筑仍会产生废弃物。如果建筑构件没有达到规定的强度要求，则在使用中很可能会很快破损而需要维修或更换，被更换的构件最终会被丢进垃圾场，除非能被回收。此外，如果设计采用了将各种材料混合在一起的构造方式，那么当整个室内被废弃时，那些拆除的材料就很难被分离、回收和重新使用。

将各种材料结合在一起的胶黏剂和密封剂等都含有挥发性有机化合物，它们会对人类健康不利。这对施工工人的影响更大，因为在施工过程中挥发性有机化合物的释放量是最大的。对于室内居住者，无论是居住在里面对室内进行升级改造，还是室内装修完工以后再搬进去，有毒气体都会对他们的健康造成不利影响。

施工中还需要大量的水，这也加剧了水资源的短缺。传统的湿作业方式，如砌砖、抹灰和搅拌水泥，用水量是最多的。

2. 走向可持续的建筑结构与建造方式

建筑结构与建造方式要做到具有可持续性，主要应该考虑以下问题：提高热工性能、减少工地的能源消耗、高效利用材料、减少垃圾、促进人类健康以及控制工地用水量等。

如同选择材料一样，室内设计师也应该不断尝试现代施工方法和传统的建造技术，两者都可能对环境带来有益的影响。

结构与建造方式应该符合项目类型。如果是一个短期室内项目，那么在建造时应该以可拆解的方式进行，避免将各种材料混合使用，以便在使用周期结束后回收利用。好的解决方法是尽量使用简单的榫槽、螺丝或螺栓连接，避免采用胶黏剂。保证运输、安装和拆除的便捷也很重要，要选择质轻、平板包装的材料及预制构件。

使用期限不确定的灵活性的室内空间则应采用可重新布置的家具或搁架、可移动的隔断或便于对隐藏设施进行更换的检修口。结构与建造方式要满足强度要求，以避免经常性的变换造成材料损坏。各种连接件也应能根据需要而方便快捷地进行调整。

无论是不确定期限的灵活性项目还是长期性项目，在建造施工时都需要考虑最终被拆除时的情况。长期性的设计项目需要更为耐用的结构以保证其长期使用，其组成构件也应在损坏后能方便地进行更换，可以采用坚固的机械性连接件，以便拆卸，这种连接方式比胶黏接合更持久。传统的实心结构是比较合理的，尽管这种建造方法的缺点是工地需要消耗较多的能源和水，而其优点是可以持续很长时间，在这里，优点比缺点更显重要。

3. 减量

恰当的结构与建造方式有助于减少建筑业对原材料、能源和水的消耗，减轻环境污染。

室内可以通过采用保温、隔热材料或外露热质量高的材料，最大限度地提高热特性，从而减少能源消耗。保温、隔热材料可以用于外墙、地板和屋顶的内表面，从而改善建筑的外围护结构，也可用于热水循环系统的周边，以提高能源的利用效率。为了更好地利用材料的热质量，室内设计师还可以在阳光能够照到的地方采用未加表面处理的实体材料，如砖墙和混凝土地面等，吸收太阳的热能。

保温、隔热材料可能是容易被忽视的幕后材料，但室内设计师必须尽一切努力合理使用它以提高室内空间的热特性。这对改造性项目更重要，为已有建筑的室内界面添加保温、隔热材料可以显著改善空间的能源特性。天然的保温、隔热材料包括软木、羊毛、麻、亚麻、刨花和木质纤维等，人工合成的材料则有纤维（来自回收的旧报纸）、矿物棉和玻璃棉，还有源于矿物燃料的发泡聚苯乙烯、挤塑聚苯乙烯和硬聚氨基甲酸酯等。

在长期性的室内项目中，热工性能是需要考虑的首要问题。在这样的室内采用导热系数小的材料可以节约能源消耗，这会在之后很多年里受益。如果室内的空间有限，那么最好选择人工合成材料，因为天然保温、隔热材料通常需要较厚的厚度才能达到较好的效果。天然材料所需的内含能量较低，因此更适合短期性的室内项目。

一些高效能的建筑构造，如多孔的结构等，有助于更合理地节约使用材料，从而避免资源浪费。例如，瓦楞纸板虽然中空，但是强度较高，这样就可以节约材料。将各种材料以其本来面貌组合在一起，忠实地利用和表达它们的天然特性而不是过分注重其装饰性，这是一种非常有效的材料利用方法。同样，采用以木材或金属为框架的轻质隔断，而不是砖石的实体结构，也可以节约材料，还可以减少因材料运输造成的污染排放。

我们还可以通过采用预制构件的建造方式，如预制的具有完整配件的门、楼梯、整体浴室和厨房、隔断等，减少施工垃圾的产生。因为预制构件是在工厂生产，具有精确的安装尺寸，只需要在安装时被运送至现场即可，这样就避免了因材料过量订购、材料切割以及材料在储存过程中可能产生损坏而产生废弃物。工厂在生产过程中产生的各种废料通常可以直接回收利用。还可以考虑设计重复性或标准化的预制构件降低预制成本，因为标准化的模具可以重复使用，从而提高产品的使用效率。

室内设计还应确保满足居住者的需求，应该根据居住者的需要提供具有灵活性和适用性的室内空间，避免今后因居住者需求变化而导致整个室内拆除更换的情况出现。这不仅可以使室内的使用周期更加长久，还可以避免设计中使用的所有材料变成垃圾。例如，推拉或折叠式隔断能够将一个学校的礼堂方便地隔成一些小教室，自由重构组装的展架可以使一个商店的陈设单元快速地转换成一种新的形式。

尽量避免或谨慎地使用胶黏剂可以提高室内空气质量。胶黏剂被公认为是一种不太好却普遍使用的室内材料，它必须作为可持续设计的一个重要部分予以考虑。就像油漆涂料一样，胶黏剂也有油性和水性之分，水性胶黏剂在施工和使用中，有毒物释放都较少，最好的有 PVA 胶和水溶性的酪蛋白胶。室内设计师在选择界面材料时需要考虑使用何种胶黏剂，本来具有很好可持续性的某种材料很可能会因为强力胶黏剂的使用而令环保性能大大降低。

4. 重新使用

建筑结构的重新使用就是在进行装修改造时，将已有建筑的所有或部分构件予以保留。由于室内设计师经常在原有的建筑内进行室内设计，他们非常擅于发掘建筑中有趣的部分使其重新复活，从而使最终的设计具有独特的风格。

所有这些构件可以通过新的表面处理，甚至只是去除旧的表层露出原本的结构界面，就被设计师赋予了新的生命。

此外，可以从回收场或是通过“争鸣”和“建造者的旧物”这样的网站寻找可回收的构件材料。

各种材料和构件的连接方式也至关重要，决定了这些材料在项目使用周期结束时是否能被再次利用。要尽量避免以胶合的方式连接各种材料。插槽的接合方式最简单，但不能保证有足够的强度。作为替代的方法，还可以采用可拆装的机械性连接件，如挂钩、夹头、螺钉和螺栓等，这些连接件可以很便捷地拆装，并使材料和连接件能够保持完好，被再次使用，这比胶合或焊接的方式更好。类似的，钉子要比螺钉难拆除，而且钉子会破坏诸如木材这样的材料，使之无法被再次利用。

5. 回收利用

同重新使用一样，设计师还需要注意各种材料的构件应能很容易地被拆解开，以便于回收利用。需遵循的原则是一样的，即采用易于拆解的连接方式。

第五章　城市景观环境中的可持续创新设计

第一节　生态园林与城市绿化设计

一、园林植物与生态环境

（一）植物与生态环境的生态适应

1. 植物与环境关系所遵循的原理

（1）最小因子定律

定律的基本内容是：任何特定因子的存在量低于某种生物的最小需要量，是决定该物种生存或分布的根本因素。为了使这一定律在实践中运用，奥德姆等一些学者对它进行两点补充：①该法则只能用于稳定状态下；②应用该法则时，必须考虑各种因子之间的关系。

（2）耐性定律

任何一个生态因子在数量上或质量上的不足或过多，即当其接近或达到某种生物的耐受限度时，就会影响该种生物的生存和分布。生物不仅受生态因子最低量的限制，而且受生态因子最高量的限制。生物对每一种生态因子都有其耐受的上限和下限，上下限之间就是生物对这种生态因子的耐受范围，称“生态幅”。在耐受范围当中包含着一个最适区，在最适区内，该物种具有最佳的生理或繁殖状态，当接近或达到该种生物的耐受性限度时，就会使该生物衰退或不能生存。

（3）限制因子

耐受性定律和最小因子定律相结合便产生了限制因子（limiting factor）的概念。在诸多生态因子中，使植物的生长发育受到限制，甚至死亡的因子称为“限制因子”。任何一种生态因子只要接近或超过生物的耐受范围，就会成为这种生物的限制因子。

2. 植物的生态适应

生物有机体与环境的长期相互作用中，形成了一些具有生存意义的特征，依靠这些特征，生物能免受各种环境因素的不利影响和伤害，同时还能有效地从其生境获取所需的物质能量以确保身体生长发育的正常进行，这种现象称为“生态适应”。生物与环境之间的生态适应通常可分为两种类型：趋同适应与趋异适应。

（1）趋同适应

不同种类的生物，生存在相同或相似的环境条件下，常形成相同或相似的适应方式和途径，称为趋同适应。

（2）趋异适应

亲缘关系相近的生物体，由于分布地区的间隔，长期生活在不同的环境条件下，因而形成了不同的适应方式和途径，称为趋异适应。

3. 植物生态适应的类型

植物由于趋同适应和趋异适应而形成不同的适应类型：植物的生活型和生态型。

（1）植物的生活型

长期生活在同一区域或相似区域的植物，由于对该地区的气候、土壤等因素的共同适应，产生了相同的适应方式和途径，并从外貌上反映出来的植物类型，都属于同一生活型。植物的生活型是植物在同一环境条件或相似环境条件下趋同适应的结果，它们可以是相同种类，也可以是不同种类。

（2）植物的生态型

同种植物的不同种群分布在不同的环境里，由于长期受到不同环境条件的影响，在生态适应的过程中，发生了不同种群之间的变异与分化，形成不同的形态、生理和生态特征，并且通过遗传固定下来，这样在一个种内就分化出不同的种群类型，这些不同的种群类型就称为“生态型”。

（二）生态因子对园林植物的生态作用

组成环境的因素称为环境因子。在环境因子中，对生物个体或群体的生活或分布起着影响作用的因子统称为生态因子，如岩石、温度、光、风等。在生态因子中，生物的生存所不可缺少的环境条件称为生存条件（或生活条件）。各种生态因子在其性质、特性和强度方面各不相同，但各因子之间相互组合、相互制约，构成了丰富多彩的生态环境（简称生境）。

生态因子对于植物的影响往往表现在两个方面：一是直接作用；二是间接作用。

直接作用的生态因子一般是植物生长所必需的生态因子，如光照、水分、养分元素等。它们的大小、多少、强弱都直接影响植物的生长甚至生存，如水分的有或无将影响植物能否生存；光照也直接影响植物的生长、发育甚至繁殖，过弱的光照使植物生长不良，甚至死亡，过强光照则使植物受到灼烧。

间接作用的生态因子一般不是植物生长过程中所必需的因子，但是它们的存在间接影响其他必需的生态因子，从而影响植物的生长发育，如地形因子。地形的变化间接影响着光照、水分、土壤中的养分元素等生态因子，从而影响植物的生长发育。如火，不是植物生长中的必需因子，但是由于火的存在而使大部分植物被烧死而不能生存。

（三）园林植物的生态效应

1. 园林植物的净化作用

（1）吸收有毒气体，降低大气中有害气体浓度

在污染环境条件下生长的植物，都能不同程度地拦截、吸收和富集污染物质。园林植物是最大的“空气净化器”，植物首先通过叶片吸收二氧化硫、氟化氢、氯气和致癌物质——安息香吡啉等多种有害气体或富集于体内而减少大气中的有毒物质含量。有毒物质被植物吸收后，并不是完全被积累在体内，植物能使某些有毒物质在体内分解、转化为无毒物质，或毒性减弱，从而避免有毒气体积累到有害程度，从而达到净化大气的目的。

（2）净化水体

城市和郊区的水体常受到工厂废水及居民生活污水的污染而影响环境卫生和人们的身体健康，而植物有一定的净化污水的能力。许多植物能吸收水中的有毒物质并在体内富集起来，富集的程度，可比水中有毒物质的浓度高几十倍至几千倍，进而水中的有毒物质降低，得到净化；而在低浓度条件下，植物在吸收有毒物质后，有些植物可在体内将毒质分解，并转化成无毒物质。

（3）净化土壤

植物的地下根系能吸收大量有害物质而具有净化土壤的能力。

（4）减轻放射性污染

绿化植物具有吸收和抵抗光化学烟雾污染物的能力，能过滤、吸收和阻隔放射性物质，减少光辐射的传播和冲击波的杀伤力，并对军事设施等起隐蔽作用。

2. 园林植物的滞尘降尘作用

城市园林植物可以起到滞尘和降尘作用，是天然的“除尘器”。树木之所以能够减尘，一方面，由于枝叶茂密，具有降低风速的作用，随着风速的降低，空气中携带的大颗粒灰尘便下降到地面；另一方面，由于叶子表面是不平滑的，有的多褶皱，有的多绒毛，有的还能分泌黏性的油脂和汁浆，当被污染的大气吹过植物时，叶子能对大气中的粉尘、飘尘、煤烟及铅、汞等金属微粒有明显的阻拦、过滤和吸附作用。蒙尘的植物经过雨水淋洗，又能恢复其吸尘的能力。由于植物能够吸附和过滤灰尘，使空气中灰尘减少，从而也减少了空气中的细菌含量。

3. 园林植物的降温增湿作用

园林植物是城市的“空调器”。园林植物通过对太阳辐射的吸收、反射和透射作用以及水分的蒸腾来调节小气候，降低温度，增加湿度，减轻了“城市热岛效应”。降低风速，在无风时还可以引起对流，产生微风。冬季因为风速降低的关系，又能提高地面温度。在市区内，由于楼房、庭院、沥青路面等比重大，形成一个特殊的人工下垫面，对热量辐射、气温、空气湿度都有很大影响。盛夏在市区内形成热岛，因而对市区增加湿度、降低温度尤为重要。植物通过蒸腾作用向环境中散失水分，同时大量地从周围环境中吸热，降低了环境空气的温度，增加了空气湿度。这种降温增湿作用，特别是在炎热的夏季，起着改善城市小气候状况，提高城市居民生活环境舒适度的作用。

4. 园林植物的减噪作用

城市园林植物是天然的“消声器”。城市植物的树冠和茎叶对声波有散射、吸收的作用，树木茎叶表面粗糙不平，其大量微小气孔和密密麻麻的绒毛，就像凹凸不平的多孔纤维吸音板，能把噪声吸收，减弱声波传递，因此具有隔音、消声的功能。

5. 园林植物的杀菌作用

空气中的灰尘是细菌的载体，据调查，闹市区空气里的细菌含量比绿地高 7 倍以上。由于植物的滞尘作用，减少了空气病原菌的含量和传播，另外许多植物还能分泌杀菌素。

园林植物之所以具有杀菌作用，一方面，由于有园林植物的覆盖，绿地上空的灰尘相应减少，因而也减少了附在其上的细菌及病原菌；另一方面，城市植物能分泌释放出如酒精、有机酸和萜类等强烈芳香的挥发性物质——杀菌素（植物杀菌素），它能把空气和水中的杆菌、球菌、丛状菌等多种病菌和真菌及原生动物杀死。

6. 园林植物的环境监测评价作用

许多植物对大气中的有毒物质具有较强抗性和吸毒净化能力，这些植物对园林绿化有很大作用。而一些对毒质没有抗性和解毒作用的“敏感”植物对环境污染的反应，比人和动物要敏感得多。这种反应在植物体上以各种形式显示出来，或成为环境已受污染的“信号”。利用它们作为环境污染指示植物，既简便易行又准确可靠。我们可以利用它们对大气中有毒物质的敏感性作为监测手段以确保人民能生活在合乎健康标准的环境中。

7. 园林植物的吸碳放氧作用

绿地植物在进行光合作用时能固碳释氧，对碳氧平衡起着重要作用。这是到目前为止，任何发达的技术和设备都代替不了的。

二、城市生态功能圈

（一）城市生态功能圈的划分

1. 划分的意义和目的

以城市生态学理论为指导，把人类的居室和城市的郊区郊县作为城市生态环境工程建设的重要组成部分，构建了城市由室内空间到室外空间，以及由中心城区到郊县的居室、社区、中心城区、郊区、郊县五大生态功能圈及其绿化工程，提出了城市绿化新模式。这种模式的建立有利于发展生态系统的多样性、物种与遗传基因的传播与交换，以及提高绿地系统中植物的多样性；同时，也有利于发展城市园林的景观多样性，提高绿地的稳定性，形成一个和谐、有序、稳定的城市保护体系，促进城市的可持续发展。

2. 构建依据

（1）生态学原理

建设生态园林，主要是指以生态学原理为指导（如互惠共生、生态位、物种多样性、竞争、化学互感作用等）建设的园林绿地系统。

（2）环境的基本属性

环境具有三个属性：一是整体性；二是区域性；三是动态性。整体性决定了城市市区和市郊的生态环境是一个整体。区域性决定了环境质量的差异性。居住的动态性则表现为：室内环境—室外环境—小区环境—居住区环境—中心城市环境—大城市环境。

（3）生态环境脆弱带原理

生态环境脆弱带在生态环境改变速率、抵抗外部干扰能力、生态系统稳定和适应全球变化的敏感性上表现出相对明显的脆弱性。随着社会经济的发展，生态环境脆弱带的空间范围和脆弱程度，都明显增长。

3. 城市生态功能圈的划分（五大功能圈）

我们以人为中心，依据人类生活的环境由近及远，并从城市环境整体出发，将城市区域划分为五大生态功能圈。

（1）居室生态功能圈

“生态”直接所指是人类与环境的关系。城市居民与其居室周围环境的相互作用所形成的结构和功能关系，称居室生态。现代生态学与城市研究的结合，自然地要求建立生态城市，而生态学与居室研究的结合也自然地要求建立生态居室。生态居室是生态城市的重要内容，也是21世纪人类居室发展的必然趋势。

（2）社区生态功能圈

在社区包括与人关系比较密切的两种功能圈：居住区功能圈和工业区功能圈。

①居住区功能圈

家庭是组成社会的细胞。家庭生活的绝大部分是在住宅和居住区中度过的。因而，居住区可以说是城市社会的细胞群。居住环境质量是人类生存质量的基础，也是影响城市可持续发展、居民身心健康极其重要的关键所在。居住区绿化是普遍绿化的重点，是城市人工生态平衡的重要一环。

②工业区功能圈

有着多种防护功能的工业区绿地是城市绿化建设的重要组成部分，不仅能改善被污染的环境，而且对城市的绿化覆盖率有举足轻重的影响，而绿地的面积、规模、结构、布局及植物种类直接影响各种生态效益能否充分有效地发挥。为了使工厂中宝贵的绿地发挥出最大的综合效益，首先必须对绿地进行周密的规划设计，对绿地的空间进行合理的艺术布局，对绿地中使用的植物进行科学的选择和配置。只有选择多种多样、各具特色的植物，在绿地中配合使用，才能实现绿化的多种综合效益。

③中心城区生态功能圈

中心城区生态功能圈是城市人口、产业最密集、经济最发达地区，也是生态环境最脆弱、环境污染最严重地区。中心城区是城市的主体，因而城市中心城区生态功能圈是城市生态环境建设的基础和重点，在维护整个生态平衡中具有特殊的地位和作用，其良好的生态环境是人类生存繁衍和社会经济发展的基础，是社会文明发达的标志。

④郊区生态功能圈

此圈位于城市人工环境和自然环境的交接处，是城市的“弹性”地带，为城市的城乡交错地带，属于生态脆弱带地区。在改善城区生态功能的重要环节中除了通过旧城改造增加有限绿地措施外，更重要的是强化城周辅助绿地系统建设，以改善城乡交错带市郊绿地系统的整体生态功能。

⑤郊县生态功能圈

对于城市生态绿化建设，郊县的绿化工程建设也是重要的组成部分。在城郊绿地的建设过程中，要根据周边地区主要风向、粉尘、风沙和工业烟尘的走向等有计划地进行规划设计，确定种植哪些树种、多少排、密度多少等重要问题，将城郊大范围地区建成与城内紧密相连的绿色森林，形成良好的城市生态大系统。

（二）城市生态人工植物群落类型

1. 观赏型人工植物群落

遍布城市的观赏型人工植物群落，以其绚丽的色彩和多样的形态，成为城市景观中的亮点。设计师精心挑选各种花卉、灌木和树木，创造出四季变化的景观效果。这些植物不仅提升了城市的美学价值，还吸引了大量游客和市民前来观赏。通过合理布局和搭配，观赏型植物群落营造出视觉上的层次感和丰富性，使人们在日常生活中能够欣赏到自然的美丽。这种类型的植物群落不仅是视觉上的享受，更是人们心灵的栖息地，为紧张的城市生活提供了片刻的宁静与放松。

2. 环保型人工植物群落

环保型人工植物群落以其功能性和生态效益为核心，设计师在规划这些群落时，选择了能够有效吸收污染物和净化空气的植物品种。这些植物通过光合作用和吸收土壤中的有害物质，显著改善了城市环境质量。环保型植物群落还具有防风固沙、降温增湿的作用，帮助城市应对气候变化和极端天气。通过建立这些植物群落，城市不仅实现了绿色美化，还提升了整体的生态环境质量，推动了可持续发展的目标。

3. 保健型人工植物群落

保健型人工植物群落旨在为市民提供健康的生活环境，这些植物群落通常布置在公园、疗养院和社区健康中心周围。设计师选用具有药用价值和芳香疗效的植物，如薰衣草、薄荷和芦荟等，这些植物不仅能够美化环境，还能通过释放芳香分子改善空气质量，提供自然疗养的效果。保健型植物群落鼓励人们接触自然，通过散步、冥想和呼吸新鲜空气，促进身心健康。这种设计理念体现了人文关怀和生态健康的完美结合。

4. 科普知识型人工植物群落

科普知识型人工植物群落作为城市教育的一部分，提供了一个生动的户外学习平台。植物种类和布局设计注重教育功能，展示了不同植物的生长习性、生态作用和分类知识。园区内设置了详细的植物标识牌和信息展示板，市民可以在观赏植物的同时，学习到丰富的植物学知识。学校和教育机构经常组织学生前来参观，通过亲身体验和互动学习，增强他们对植物和环境保护的认识。这种群落不仅是一个美丽的绿地，更是一本活的教科书。

5. 生产型人工植物群落

生产型人工植物群落专注于农业生产和食物供应，通常分布在城市边缘或城市农业区。这些植物群落通过现代农业技术种植蔬菜、水果和药材，不仅满足城市居民对新鲜农产品的需求，还促进了都市农业的发展。设计师在规划时，考虑了作物轮作和生态种植技术，确保土壤肥力和植物健康。生产型植物群落还可以成为市民的农耕体验场所，市民可以参与种植和收获，体验农业劳动的乐趣，同时也增强了社区的凝聚力和互动性。

6. 文化环境型人工植物群落

文化环境型人工植物群落以展示和传承地方文化为目的，设计师通过选择具有文化象征意义的植物，如传统药草、名贵花卉和古树名木，创造出具有浓厚文化氛围的绿地。这些植物群落往往与城市的历史、艺术和传统节日紧密结合，成为城市文化景观的一部分。文化活动和节庆庆典常在这些植物群落中举行，为市民提供一个体验和参与文化活动的场所。通过这些植物群落，城市不仅展示了其丰富的文化遗产，也为市民提供了一个陶冶情操、增进文化认同的场所。

7. 综合型绿地的人工植物群落

综合型绿地的人工植物群落融合了观赏、环保、保健、科普和生产等多种功能，设计师通过科学规划和多样化植物配置，打造出一个多功能的生态空间。这种类型的植物群落不仅美化了城市景观，还为市民提供了休闲、娱乐和学习的场所。综合型绿地具有高生态价值，通过丰富的植物层次和生物多样性，提升了城市的生态系统服务功能。市民可以在这里散步、运动、学习和参与社区活动，享受高质量的城市生活。这种全方位的设计理念，不仅满足了不同群体的需求，还推动了城市的可持续发展。

第二节　城市道路与公共空间的生态改造

一、城市道路生态规划设计概述

（一）城市道路生态规划设计的含义

1. 城市道路景观的含义

城市道路景观不仅是道路的美化，更是城市整体环境的有机组成部分。通过精心设计，城市道路景观能够提升城市的视觉美感，改善居民的生活质量，并为城市注入生机和活力。道路景观设计不仅关注道路本身，还包括周边的绿化、建筑、公共艺术和基础设施。设计师在规划时，通过合理选择植物、铺装材料和照明设施，营造出协调统一的景观效果。

在城市道路景观的设计过程中，生态因素被特别强调。通过引入大量的绿色植物，不仅美化了环境，还能够净化空气、调节温度和减少噪音污染。树木和绿篱的种植，不仅提供了视觉上的享受，还为城市居民提供了休憩和活动的空间。此外，道路景观设计还注重生物多样性的保护，通过种植多样化的植物种类，吸引鸟类和昆虫，为城市生态系统创造更多的生境。

城市道路景观还承载着文化和社会功能。设计师通过景观元素的选择和布局，反映城市的历史、文化和地域特色。例如，在历史街区，景观设计可以融入传统建筑元素和历史纪念标志，增强城市的文化氛围。在现代商业区，景观设计则强调现代感和活力，营造出一个充满动感和吸引力的城市空间。通过这些设计手法，城市道路景观不仅成为城市功能的重要补充，更成为城市文化的载体和展示窗口。

总的来说，城市道路景观设计的意义不仅体现在视觉美感和生态功能上，更在于其综合提升城市品质、促进社会交流和文化传承的多重作用。设计师通过科学规划和创新实践，将城市道路景观打造成一个兼具功能性和美观性的多维空间，为城市居民提供更加宜居、生态和人性化的生活环境。

2. 道路景观的构成模式与要素

城市道路景观作为一个开放的复杂系统，它的构成要素种类繁多，数量庞大，包含若干子系统，呈现出多元化和复杂化的趋势。道路景观，就其构成模式而论，除道路本身外，还包括道路边界、道路一定范围内形成的区域、道路段相接处及道路与道路相交处形成的道路节点等；就其构成要素而论，除构成道路景观的道路线性、道路铺地等物质性要素之外，还包括人的活动及其感受等主观因素。

（1）道路景观构成模式

①道路

城市道路是景观设计的骨架，它不仅承载着交通功能，还决定了整体景观的走向和布局。通过合理规划，道路可以引导视线，形成流畅的视觉体验。设计师在道路的规划中，需要考虑车道宽度、曲直线条和铺装材料的选择，使其既满足交通需求，又融入自然景观。绿化带、中央隔离带和步行道的配置，则为行人和车辆提供了安全、舒适的使用空间。道路两旁的树木和植物，不仅增加了绿化面积，还通过光影效果丰富了道路的视觉层次。

②道路边界

道路边界作为城市道路的延伸部分，起到划分空间和界定功能的作用。通过不同的边界设计，可以实现道路与周边建筑、绿地的有机融合。设计师常通过植物篱笆、低矮的墙垣或护栏，构筑柔和的边界线，使道路与环境自然过渡。边界设计中，植物选择尤为重要，高低错落的植物群落不仅丰富了视觉景观，还能起到隔音、防尘和美化环境的多重作用。道路边界的设计，既要符合城市整体风格，又需考虑实用性和美观性，营造出和谐的城市空间。

③道路的景观区域

道路的景观区域包括中央绿化带、侧边绿地和交通岛等，这些区域通过多样化的植物配置和景观小品，提升了道路的生态价值和观赏性。中央绿化带不仅分隔车道，减少车流干扰，还通过植物的多样性，增强道路的生态功能。侧边绿地则为行人提供了步行和休憩的空间，种植的花草树木，四季变换，为城市增添色彩。交通岛作为道路景观的点缀，通常设计为小型绿地或花坛，既美化了道路节点，又促进了交通安全。

④道路结点

道路结点是城市道路网的重要组成部分，其设计直接影响交通的流畅性和安全性。结点设计不仅包括道路的交叉口，还涉及人行横道、环岛和交通标志等要素。设计师在结点设计中，常通过景观元素的引入，缓解交通压力，提升视觉效果。比如，在环岛中心设置绿化景观或艺术雕塑，不仅增加视觉焦点，还能起到导流和分隔交通的作用。人行横道旁的绿化带和休憩区，则为行人提供了安全的等待和休息场所，提升了城市道路的整体品质。

（2）道路景观构成要素

道路景观构成包括人的因素和物的因素，只有自然与人工的交织、共存，才能给予道路景观以内涵和深度。

与景观三元论相对应，城市道路景观同样也包括三个方面的内容：

①自然的景物

城市道路景观中，自然景物是构成其美学和生态价值的核心元素。郁郁葱葱的树木、色彩斑斓的花卉、蔓延的绿地以及水体景观等，赋予道路自然的生命力和美感。树木作为主要的自然景物，不仅提供阴凉和舒适的环境，还通过光合作用净化空气。花卉和灌木丛的点缀，使道路在四季中展现出不同的景致，吸引市民的目光。绿地和草坪的存在，不仅增添了绿意盎然的气氛，还为休憩和社交提供了空间。自然景物的多样性和布局，使城市道路充满生机与活力，形成一个人与自然和谐共生的生态系统。

②人造景物

人造景物在城市道路景观中起着画龙点睛的作用，通过精心设计和布置，提升了整体的美观和功能性。雕塑、喷泉、灯饰等人造景物，不仅丰富了视觉效果，还赋予道路文化和艺术的氛围。设计师通过选用符合城市风格和历史背景的人造景物，使道路景观更具地方特色。座椅、廊架和公交站亭等设施，则为行人提供了便利和舒适的休息空间。夜间灯光设计通过不同的光源和灯具，营造出温馨、安全的氛围，使城市在夜晚也充满魅力。人造景物的精心设计和巧妙布局，使城市道路不仅是交通通道，更是市民生活和文化交流的重要场所。

③人与文化

在城市道路景观设计中，人与文化元素体现了城市的独特魅力和人文关怀。通过融入本地历史、文化和艺术元素，设计师使道路景观成为城市记忆和文化传承的重要载体。街头艺术、纪念碑和文化墙等元素，讲述着城市的历史故事，增强了居民的文化认同感。公共空间的设计考虑了不同人群的需求，提供了互动和交流的平台，使市民在日常生活中感受到社区的温暖和活力。节庆装饰和临时展览，则为城市道路注入了动态的文化元素，使其成为展示城市文化的窗口。人与文化的深度融合，使城市道路不仅是行走的路径，更是表达城市精神和文化的重要场所。

3. 城市道路景观与生态设计的关系

通过将生态设计融入城市道路景观，城市不仅实现了美观的提升，更有效地增强了环境的可持续性。设计师在规划过程中，综合考虑了生态效益，通过植被和水体的科学布局，实现了功能性与环境保护的有机结合。植被的多样化选择不仅丰富了视觉效果，还起到了吸尘降噪、调节气候的作用。树木、灌木和草坪的合理配置，创造了一个多层次的绿色空间，使道路成为城市中的绿色廊道。

城市道路景观设计中，生态设计的应用尤为重要。通过引入雨水花园和渗透铺装等绿色基础设施，设计师能够有效管理和利用雨水资源，减少城市内涝问题。生态设计不仅关注水资源的管理，还在于通过自然方式过滤和净化雨水，减少城市径流污染。水体景观的设置，如人工湖泊和溪流，不仅美化了环境，还提供了重要的生态栖息地，促进了城市生物多样性。

人类活动的可持续性在城市道路景观与生态设计的结合中得到充分体现。设计师不仅关注植物的生态效益，还致力于创造宜人的公共空间。步道、休憩区和观景台的设置，使居民能够亲近自然，享受绿色空间的益处。通过生态设计，城市道路不再只是交通通道，更成为市民生活的一部分，增强了社区的活力和凝聚力。道路景观设计强调人与自然的和谐共处，通过生态友好的设计手法，使城市环境更具人性化和可持续性。

在技术和材料的选择上，城市道路景观与生态设计的关系更加密切。使用再生材料和可再生能源，设计师不仅降低了道路建设和维护的环境负荷，还推动了绿色科技的应用。智能监测系统的引入，使植物的生长状况和环境参数得到实时监控和管理，确保生态设计的作用持续发挥。通过科技与生态的结合，城市道路景观不仅实现了功能与美学的统一，更推动了城市向绿色、可持续的方向发展。

生态设计在城市道路景观中的应用，最终体现为环境、社会和经济效益的综合提升。通过科学的植物配置和水资源管理，生态设计为城市创造了一个健康、宜居的生活环境。居民在享受美丽景观的同时，也体验到了生态设计带来的环保效益。设计师通过创新和实践，使生态设计成为城市发展中不可或缺的一部分，为城市的可持续发展奠定了坚实的基础。

（二）城市道路景观的生态设计

1. 道路景观生态设计

城市道路景观的生态设计旨在将自然元素和人类活动有机结合，创造出美观、具有功能性和环境友好的公共空间。通过引入多样化的植被和水体景观，生态设计不仅美化了城市环境，还提升了生态系统的健康标准和稳定性。设计师在道路两侧种植树木和灌木，以形成绿色廊道，提供阴凉并有防风效果，同时吸收污染物，净化空气。水体景观如雨水花园和湿地，能有效管理城市径流，减少内涝和水污染。这种设计不仅改善了生态环境，还为居民提供了休憩和娱乐的场所，增强了城市的宜居性和吸引力。

2. 道路景观生态设计的原则

（1）地域性原则

在城市道路景观的生态设计中，地域性原则要求设计必须尊重和体现当地的自然和文化特征。设计师应充分利用本地的自然资源和气候条件，选择适应性强的本土植物，避免外来物种的引入。通过植被和景观元素的精心选择和配置，景观设计不仅能融入当地的自然环境，还能反映出区域的独特文化和历史底蕴。例如，在温带地区，选择耐寒的树种和灌木，而在热带地区，则可以采用耐旱的多肉植物和热带花卉。通过地域性原则的应用，城市道路景观不仅具有美学和生态价值，还能增强居民的地方认同感和归属感。

（2）延续性原则

延续性原则强调城市道路景观的设计应具有长久的生态效益和可持续性。设计师需要考虑到植物的生长周期和生态系统的长期变化，通过选择寿命长、维护需求低的植物，确保景观的持久美观和功能性。此外，延续性原则还涉及材料的选择和施工工艺，优先使用环保、耐用的材料，减少资源消耗和环境污染。通过精心规划和科学管理，设计师可以创建一个能够自我维持和适应环境变化的道路景观系统，使其在未来的岁月中依然具有生态效益和观赏价值。

（3）整体设计原则

整体设计原则要求城市道路景观的设计必须系统考虑各个要素之间的协调与互动。设计师在规划过程中，应综合考虑道路、绿化带、水体、公共设施等多个方面，通过整体布局和设计，形成一个功能完备、视觉和谐的景观体系。植被的层次分明、颜色搭配和季节变化等细节，都是整体设计的一部分。通过这种全局视角的设计，城市道路不仅具备美观的外观，还能提供多种生态服务，如空气净化、水体管理和生物多样性保护。整体设计原则确保了道路景观的每个部分都能协同工作，提升了整体环境质量和居民的生活体验。

（4）以人为本原则

以人为本原则强调城市道路景观设计应以满足人的需求为核心，关注人的使用体验和感受。设计师在规划道路景观时，应充分考虑行人和骑行者的安全与舒适，通过设置人行道、自行车道、休息区和观景平台，提供便利和愉悦的使用体验。景观元素如座椅、遮阳棚和饮水设施，应布置在行人经常停留和活动的区域，提升使用的舒适度。此外，选择能吸引人们驻足观赏的植物和景观小品，增加互动性和趣味性。通过以人为本的设计原则，城市道路不仅是通行的路径，更成为居民休憩、社交和娱乐的重要公共空间。

（5）边缘性原则

由于交错区生境条件的特殊性、异质性和不稳定性，使毗邻群落的生物可能聚集在这一生境重叠的交错区域中，不但增大了交错区中物种的多样性和种群密度，而且增大了某些生物物种的活动强度和生产力，这一现象被称为“边缘效应”。城市主干道联系着城市中的各个分区，其影响范围及影响程度表现为“道路对各类生态因子影响的距离效应”。

（6）远期、近期规划设计相结合原则

城市道路生态设计应既有远期目标，又有近期目标，做到近期、远期相结合。在对城市道路近期改造完善的同时还应对未来的城市道路建设做出远期规划目标。

3. 生态材料在城市道路中的应用

材料是从事土木建筑活动的物质基础，材料的性能和质量决定了施工水平、结构形式和建筑物的性能，直接影响人类的生存环境和城市景观。大量建造的社会基础设施对人类生存环境发挥着巨大的积极作用。同时，也带来了不容忽视的消极作用，即大量地消耗地球的资源和能源，在相当程度上污染了自然环境和破坏了生态平衡。因此，建筑材料与人居环境的质量，与土木建筑活动的可持续发展性密切相关。开发并使用性能优良、节省能耗的新型材料，是人类合理地解决生存与发展，实现“与自然协调，与环境共生”的重要途径，正如“材料科学的发展始终是桥梁技术进步的先行者和催生剂”一样，道路材料的发展也促进了道路的发展。生态发展是指在生态上健全的社会经济发展，要求人类社会的经济发展符合生态规律，尽可能不造成对地球环境生态条件的损害。生态发展的特征，是在经济发展的同时注意环境保护，使经济发展与生态建设相互统一，同步进行。因此，生态发展包括经济增长、人民生活水平提高和环境质量改善的全面发展，而生态材料在道路建设中的应用就诠释了生态发展的概念。

（1）生态材料

在城市道路景观设计中，生态材料的应用不仅能改善环境质量，还能提升道路的整体美观度。设计师应选择使用可再生、低能耗和可降解的材料，如天然石材、再生塑料和环保涂料等，这些材料能够显著减少对环境的负面影响。再生材料如废旧轮胎、废玻璃等的二次利用，不仅降低了废弃物的数量，还节约了资源。透水铺装材料可以减少地表径流，促进雨水渗透，有效补充地下水。此外，选择本地获取的材料，减少运输过程中的碳排放，也是一种有效的生态设计策略。这些材料的应用，不仅提升了道路的生态功能，还增强了市民对环境保护的意识。

（2）生态型混凝土

生态型混凝土在城市道路中的应用，展现了现代技术与环保理念的完美结合。这些新型材料不仅具有传统混凝土的强度和耐久性，还具有多种生态功能，提升了城市道路的可持续性。

①透水、排水性混凝土

透水混凝土是一种创新型材料，通过其多孔结构实现高效的水分渗透。设计师在道路、人行道和停车场等区域广泛应用这种材料，以减少地表径流和防止城市内涝。透水混凝土的使用还能有效补充地下水资源，保持城市水循环的平衡。这种材料不仅有助于防洪和水资源管理，还通过减少积水，提升了道路的安全性和行车舒适度。透水混凝土的应用，是城市道路景观生态设计中兼顾功能性和环保性的典范。

②人造轻骨料混凝土——吸音混凝土

吸音混凝土是一种特别设计的材料，通过在混凝土中掺入轻质骨料，形成多孔结构，使其具备良好的吸音效果。这种材料在城市道路和高架桥的应用，能够显著降低交通噪音，提升居民的生活质量。吸音混凝土不仅具有良好的声学性能，还保持了混凝土的基本力学性能，适用于各种建筑和道路结构。设计师在噪音敏感区域，如住宅区、学校和医院周边，采用吸音混凝土，为城市居民创造一个更安静和舒适的生活环境。

③绿化、景观混凝土

绿化混凝土通过在混凝土表面预留孔洞或沟槽，种植草坪和植物，形成融合建筑和绿化的生态景观。这种设计不仅美化了城市道路，还增加了绿地面积，促进了生物多样性。景观混凝土可以应用于道路两侧的护坡、挡墙和步道，通过植物的生长，形成自然的绿化景观。设计师在城市公园、广场和步行街等区域，广泛采用这种绿化混凝土，不仅改善了环境质量，还为市民提供了一个赏心悦目的休闲空间。通过这种创新型材料的应用，城市道路景观实现了功能和美学的双重提升。

二、基于绿视率的新建城市道路绿化设计

城市道路绿化景观的优劣，直接影响到城市的整体景观感受，道路绿化的水平直接反映出城市的绿化特点，它是体现城市面貌和个性的重要因素；城市道路绿化还担负着城市的天然制氧厂、绿色吸毒器、噪音消减器等功能，道路中树木的美丽姿态与茂密的树冠也构成了美丽的街景特色。因此，城市道路绿化设计在整个城市中的作用是举足轻重的。

（一）绿视率的由来及概念

绿视率这一概念源自对城市绿化效果的科学量化需求，旨在评估人们在城市环境中所能看到的绿化程度。早期的城市规划多注重硬质设施建设，忽略了对自然环境的整合与利用。随着城市化进程加快，城市居民对自然环境的需求愈发迫切，绿视率的概念应运而生，成为衡量城市绿化水平的重要指标。绿视率不仅关注绿地的面积，更强调视觉上的绿化效果，即人们在不同视角和高度下所能看到的绿化景观比例。通过绿视率的计算和应用，规划师能够更科学地设计城市绿化，提升整体环境的宜居性和美观度。

（二）绿视率在城市道路设计中的应用

在城市道路设计中，绿视率的应用极大地提升了道路景观的生态效益和视觉舒适度。设计师通过精心选择和布局植物，确保行人在不同位置和角度都能享受到高绿视率的环境。首先，道路两侧种植高大乔木，形成树荫大道，不仅提供视觉上的绿色屏障，还能有效调节气温，改善空气质量。同时，低矮灌木和花草的点缀，增加了道路绿化的层次感和丰富性。设计时需综合考虑道路的宽度、交通流量和周边建筑，通过合理规划绿化带和行道树，使绿视率达到最佳效果。

通过提升绿视率，城市道路不仅变得更美观，也为行人和驾驶者创造了一个更舒适和健康的环境。高绿视率带来的视觉舒适度，能够有效缓解城市生活的紧张和压力，提升居民的心理健康水平和生活满意度。设计师在规划时，还需考虑季节变化和植物的生长周期，选择四季常绿或季节性变化丰富的植物，确保一年四季都有不同的绿化景观。此外，绿视率的提升还需结合现代技术，如智能监控系统，实时监测和维护绿化效果，确保绿视率长期保持在高水平。

在实践中，绿视率不仅是一个规划设计的指标，更是一个城市管理和维护的工具。通过定期评估和调整绿化布局，城市管理者能够及时发现和解决绿化不足的问题，保持绿视率的持续提升。社区参与也是提升绿视率的重要环节，居民通过参与绿化维护和管理，不仅增强了对社区环境的责任感，还能享受到更高质量的生活环境。绿视率作为城市道路绿化设计中的重要概念，推动了城市生态环境的不断改善，促进了人与自然的和谐共生。

（三）影响城市道路绿视率的因素

城市道路绿地景观作为城市景观的骨架，肩负着城市景观中物质、能量、信息和生物多样性集中或汇集，同时展示城市特色和风貌的使命。因此，城市道路作为一种比较特殊的环境系统，受到很多相关因素的制约和影响。为了在使用过程中让人们从视觉、心理上和环境协调统一，营建良好的视绿体验空间，必须对道路绿地中的环境要素进行一定的认知。

1. 道路板式

道路板式在城市道路绿视率中起着基础性作用，通过不同的设计模式，可以直接影响到绿化效果。常见的道路板式有单侧板、双侧板和中央隔离带等形式，每种形式对绿视率的影响各不相同。双侧板式在道路两侧种植树木和灌木，可以形成浓密的绿化带，显著提升道路两侧的绿视率。中央隔离带则通过种植高大乔木和低矮灌木，增加车行道中央的绿色景观，缓解驾驶者的视觉疲劳。单侧板式通常应用于较窄的道路，通过在一侧集中绿化，也能有效提升绿视率。不同板式的选择应结合道路功能和交通需求，优化绿化布局，最大化提升绿视率。

2. 道路红线宽度

道路红线宽度决定了绿化带的空间和布局，对绿视率有直接影响。宽敞的红线宽度允许更丰富的绿化设计，可种植大面积的绿地和高大树木，形成层次分明的绿化景观，从而提高绿视率。设计师在规划宽红线道路时，可以利用中央隔离带和道路两侧的宽阔绿地，设置多种植物群落，创造出多样化的绿色视觉效果。相反，窄红线道路由于空间限制，绿化设计需更加紧凑和高效。通过垂直绿化、墙体绿植和小型绿化节点的布局，依然可以提升绿视率。红线宽度的不同，要求设计师灵活运用绿化手段，确保在有限空间内达到最佳绿化效果。

3. 车行道路幅宽度

车行道路幅宽度影响绿化带的配置和绿视率的实现。较宽的车行道通常需要中央隔离带和道路两侧的绿化以缓解视觉压力和改善环境质量。在这些宽幅道路上，设计师可以利用中央隔离带种植高大的乔木和灌木，形成明显的绿色分隔线。两侧的绿化带可以采用多层次的植物配置，包括地被植物、灌木和乔木，创造出丰富的绿色景观。狭窄的车行道则需要精巧的设计来提升绿视率，通过合理配置道路边缘的绿化，利用墙体绿化和小型景观节点，确保驾驶者和行人都能享受到良好的绿化效果。车行道路幅宽度的变化，对绿化设计提出了不同的要求，需要设计师根据具体情况进行调整和优化。

4. 绿化配置形式

绿化配置形式直接决定了道路绿视率的高低。采用多样化的植物配置和创意布局，可以显著提升视觉绿化效果。设计师可以利用垂直绿化、屋顶绿化和悬挂植物，增加绿视率的层次感。中央隔离带和道路两侧的绿化带，应结合不同植物的高度和颜色，形成季节变化明显、四季常绿的景观效果。通过合理搭配乔木、灌木和地被植物，创造出丰富的植物群落，增强视觉冲击力。此外，利用花卉和灌木形成色彩鲜艳的绿化带，可以在特定季节内提供视觉焦点，进一步提升绿视率。创新的绿化配置形式，是提升城市道路绿视率的重要手段。

5. 时间因素

时间因素对城市道路绿视率的影响体现在植物的生长周期和季节变化上。新栽种的植物需要时间来成长和成熟，初期的绿视率可能较低，但随着时间的推移，植被逐渐长大，绿视率会显著提高。季节变化对绿视率的影响也很大，夏季植被茂盛，绿视率最高；而在秋冬季节，落叶和枯萎的植物可能导致绿视率下降。不论是植物的外部影响因素，或者是植物内在的自然生长条件，都直接与绿视率值的大小密切相关。植物的季相变化对绿视率值的影响很大，同一种植物夏季与冬季的绿视率值往往反映出两个极端的值，夏季处于绿视率的最高值，冬季则反映出绿视率最低值。植物内在的生长规律则是树龄越大，植物叶片相应增多，绿量也在增大，从而绿视率值也增大。设计师应选择四季常绿或季节变化明显但不影响整体绿视率的植物种类，以确保全年都能保持较高的绿视率。此外，定期的维护和修剪工作，确保植物的健康生长，也是维持和提升绿视率的重要因素。通过科学的植物选择和管理，时间因素对绿视率的影响可以得到有效控制。

第三节　绿地系统与居住区生态布局

一、居住区绿地功能与组成

（一）居住区绿地的生态防护功能

1. 防护作用

（1）保持水土、涵养水源

居住区绿地植物对保持水土有非常显著的作用。由于树冠的截流、地被植物的截流以及地表植物残体的吸收和土壤的渗透作用，绿地植物能够减少和减缓地表径流量和流速，从而起到保持水土、涵养水源的作用。

（2）防风固沙

某些居住区会受周边环境中大风及风沙的影响，当风遇到树林时，受到树林的阻力作用，风速可明显降低。

（3）其他防护作用

居住区绿地植物对防震、防火、防止水土流失、减轻放射性污染等也有重要作用。居住区绿地在发生地震时可作为人们的避难场所；在地震较多地区的城市以及木结构建筑较多的居住区，为了防止地震引起的火灾蔓延，可以用不易燃烧的植物作隔离带，既有美化作用又有防火作用；绿化植物能过滤、吸收和阻隔放射性物质，降低光辐射的传播和冲击波的杀伤力。

2. 美化功能

随着人们生活水平的不断提高，人们的爱美、求知、求新、求乐的需求也逐渐增强。居住区绿地不仅改善了居住区生态环境，还可以通过千姿百态的植物和其他园艺手段，创造优美的景观形象，美化环境，愉悦人的视觉感受，使其具有振奋精神的美化和欣赏功能。优美的居住区环境不仅能满足居民游憩、娱乐、交流、健身等需求，更使人们远离城市而得到自然之趣，调节人们的精神生活，美化情操，陶冶性情，获得高尚的、美的精神享受与艺术熏陶。

居住区绿地中，可通过植物的单体美来体现美化功能，主要着重于形体姿态、色彩光泽、韵味联想、芳香以及自然衍生美。居住区绿地植物种类繁多，每个树种都有自己独具的形态、色彩、风韵、芳香等美的特色。这些特色又能随季节及树龄的变化而有所丰富和发展。例如，春季梢头嫩绿、花团锦簇；夏季绿叶成荫、浓荫覆地；秋季果实累累、色香俱全；冬季白雪挂枝、银装素裹。一年之中，四季各有不同的风姿与妙趣。一般说来，居住区绿地植物观赏期最长的是株形和叶色，而花卉则是花色，将不同形状、叶色的树木或不同色彩的花卉经过妥善的安排和配植，可以产生韵律感、层次感等种种艺术组景的效果。

3. 使用功能

（1）生理功能

处在优美的居住区绿色环境中的居民，每天散步在绿树成荫的小径上，呼吸新鲜的空气，可以显著改善心肺功能和增强免疫力。绿地中的树木和植物通过光合作用吸收二氧化碳，释放氧气，有效净化空气，减少污染物对人体的伤害。绿色植被还具有降温增湿的效果，夏季在绿地中活动能减少高温带来的不适，降低中暑风险。定期进行户外运动，如跑步、瑜伽和健身，不仅能增强体质，还能预防肥胖和慢性病，为居民的生理健康提供了坚实保障。

（2）心灵功能

居住区绿地在心灵上给予居民宁静与放松的场所，提供了逃离城市喧嚣的绿洲。绿地中的自然景观，如花草树木、流水和鸟鸣，能够有效缓解心理压力，减轻焦虑和抑郁症状。通过与自然的接触，居民可以获得内心的平静和愉悦感，提高心理健康水平。在绿地中进行冥想、阅读或只是静静地坐着欣赏风景，都能带来心灵上的愉悦和满足。尤其是在忙碌的都市生活中，绿地成为居民调节心情、恢复精力的重要场所，为心理健康提供了无可替代的支持。

（3）教育功能

在城市居住区绿地中，园林植物是最能让人们感到与自然贴近的物质，孩子们在绿地中可以亲近自然，了解植物和动物的生长过程，培养环保意识和科学兴趣。学校和社区可以利用绿地开展户外课堂和自然教育活动，使学生在实际体验中学习知识。通过观察植物的四季变化，孩子们能够直观地了解自然界的规律和生态系统的复杂性。绿地还可以设置科普展示牌，介绍各种植物的特点和生态价值，激发居民对自然的探索和保护欲望。通过教育功能的发挥，绿地不仅丰富了居民的知识，还增强了他们的环保责任感，为社区的可持续发展奠定了基础。

（4）服务功能

服务功能是居住区绿地的本质属性。为居住区居民提供优良的生活环境和游览、休憩、交流、健身及文化活动等场所，始终是居住区绿化的根本任务。

4. 文化功能

具有配套的文化设施和一定的文化品位，是当今创建文明社区的基本标准。居住区绿地对居住区的文化具有影响，不仅体现在视觉意义上，还体现在绿地中的文化景观设施上。这种绿化与文化设施（如园林建筑、雕塑、水景小品等）共同形成的复合型空间，有利于居民在此增进彼此间的了解和友谊，有利于大家充分享受健康和谐、积极向上的社区文化生活。

5. 生产功能

居住区绿地除具有以上各种功能外，还具有生产功能。居住区绿地的生产功能一方面指大多数的园林植物均具有生产物质财富、创造经济价值的作用。某些大型居住区可以利用部分绿地种植不仅具有观赏价值而且具有经济价值的植物，植物的全株或其一部分，如叶、根、茎、花、果、种子以及其所分泌的乳胶、汁液等，都具有经济价值或药用、食用等价值。有的是良好的用材，有的是美味的蔬果食物，有的是药材、油料、香料、饮料、肥料和淀粉、纤维的原料。总之，创造物质财富，也是居住区绿地的固有属性。

（二）居住区绿地的组成

1. 居住区公共绿地

（1）居住区公园

居住区公园是居住区级的公共绿地，服务于一个居住区的全体居民，具有一定活动内容和设施，是居住区配套建设的集中绿地，服务半径为0.5～1.0km。

居住区公园是居民休息、观赏、游乐的重要场所，布置有适合于老人、青少年及儿童的文娱、体育、游戏、观赏等活动设施，且相互间干扰较少，使用方便。功能分区较细，且动静结合，设有石桌、凳椅、简易亭、花架和一定的活动场地。植物的配置，便于管理，以乔、灌、草、藤相结合的生态复层类植物配置模式为主，为居住区公园营造一个优美的生态景观环境。

（2）居住区小游园

居住区小游园是居住小区级的公共绿地，一般位于小区中心，服务于居住小区的居民，是居住小区配套建设的集中绿地，小游园规模要与小区规模相适应，一般面积以 0.5 ～ 3hm² 为宜，服务半径为 0.3 ～ 0.5km。

居住区小游园应充分利用居住区内某些不适宜的建筑以及起伏的地形、河湖坑洼等条件，主要为小区内青少年和成年人日常休息、锻炼、游戏、学习创造良好的户外环境。园内分区不会过细，动静分开。静区安静幽雅，地形变化与树丛、草坪、花卉配置结合，小径曲折。小游园也可用规则式布局形式，布局紧凑。小游园内除有一定面积的街道活动场所（包括小广场）外还设置一些简单设施，如亭、廊、花架、宣传栏、报牌、儿童活动场地及园椅、石桌、石凳等，以供居住小区内居民休息、游玩或进行打拳、下棋及放映电影等文体活动。小游园以种植树木花草为主，园内当地群众喜闻乐见的树种采用较多，一般为春天发芽早、秋天落叶迟的树种居多。花坛布置多以能减轻园务管理劳动强度的宿根草本花卉为主。

居住区小游园与周围环境绿化联系密切，但也保持一个相对安静的静态观赏空间，避免机动车辆行驶所造成的干扰。

（3）居住区组团绿地

居住区组团绿地在居住区绿地中分布广泛、使用率高，是最贴近居民、居民最常接触的绿地，尤其是老人与儿童使用方便，是居民沟通和交流最适合的空间。一般一个居住小区有几个组团绿地。组团绿地的空间布局分为开敞式、半封闭式、封闭式，规划形式包括自然式、规则式、混合式。

（4）居住区其他公共绿地

居住区的其他公共绿地包括儿童游戏场以及其他的块状、带状公共绿地。

2. 居住区宅旁绿地

居住区宅旁绿地是居民日常生活中最亲近的绿色空间。靠近住宅建筑，这些绿地不仅为居民提供了一个休闲和交流的场所，还通过精心设计提升了住宅区的整体美观度。宅旁绿地通常种植了多样化的植物，形成花坛、草坪和小型树木的组合，使每个居住单元都有一个绿意盎然的小花园。这样的绿地能够有效改善小气候，增加空气湿度，减少灰尘和噪音污染。居民可以在这里种植自己喜爱的花卉和蔬菜，体验园艺的乐趣，甚至举办小型家庭聚会，享受自然带来的宁静和愉悦。宅旁绿地作为私密性较强的绿色空间，为每个家庭创造了一个温馨、舒适的户外延伸空间。

3. 居住区配套公建所属绿地

配套公建所属绿地主要位于居住区的公共建筑周围，如社区中心、幼儿园、学校和商业设施等。这些绿地不仅提升了公共建筑的环境质量，还为居民提供了更多的活动空间。设计师通常会在这些绿地中设置健身设施、儿童游乐场和休憩长椅，使之成为居民日常休闲、锻炼和社交的重要场所。绿地中的植物配置丰富多样，既有观赏性的花卉和灌木，也有遮荫效果良好的乔木，营造出舒适的环境氛围。公共建筑绿地不仅美化了建筑周围的环境，还通过多功能的设计，满足了不同年龄段居民的需求，增强了社区的凝聚力和活力。

4. 居住区道路绿地

居住区道路绿地作为连接各个区域的绿色纽带，不仅美化了交通环境，还起到了引导和分隔交通流的作用。道路两旁种植的树木和绿篱，形成了自然的屏障，隔离了行车道与人行道，提升了行人的安全感。设计师通过选择常绿和落叶交替的树种，确保一年四季都有不同的景观效果。道路绿地的宽度和配置，根据道路的等级和用途有所不同，主干道通常设置宽阔的绿化带，而次干道和支路则通过小型绿化带和花坛来提升绿视率。除了美化和安全功能外，道路绿地还通过吸收车辆排放的污染物，净化空气，改善居住区的环境质量。居民在散步、跑步或骑行时，可以享受绿色带来的舒适和清新，提供了更好的日常出行体验。

二、居住区绿地植物选择与配置

（一）居住区绿地植被选择配置的依据和标准

1. 以乡土树种为主，突出地方特色

选择乡土树种作为居住区绿地的主要植被，不仅能够适应当地的气候和土壤条件，还能突出地方特色，增强居民的地域认同感。乡土树种通常具备较强的抗逆性和适应性，能够在本地环境中茁壮成长，减少因环境变化导致的植被枯萎和病害问题。设计师在规划绿地时，通过对本地植物资源的调查和研究，选用当地常见且具有观赏价值的树种，如当地特有的花卉、乔木和灌木。这种植被选择策略，不仅保证了绿地的生态稳定性，还为居住区增添了独特的自然风貌，使居民在日常生活中感受到浓厚的地方文化。

2. 发挥良好的生态效益

居住区绿地的植被配置应充分考虑其生态效益，选择那些能够改善环境质量、提升生态系统功能的植物。设计师在选择植被时，优先考虑具有净化空气、吸收污染物、调节气候和防风固沙等生态功能的树种。例如，通过种植能够大量吸收二氧化碳和释放氧气的乔木，可以有效改善空气质量；种植具有较强吸尘能力的灌木和草坪，可以减少空气中的悬浮颗粒物。绿地植被的多样性还可以为动物提供栖息地，促进生物多样性，形成一个健康的生态系统。通过科学

配置和合理布局，绿地不仅美化了环境，还显著提升了居住区的生态效益。

3. 考虑季相和景观的变化，乔、灌、草、藤有机结合

植被配置中需要充分考虑季节变化和景观效果，通过乔木、灌木、草坪和藤本植物的有机结合，创造出四季常绿、花开不败的美丽景观。设计师通过精心选择和搭配不同季节开花和结果的植物，使绿地在春、夏、秋、冬四季展现出不同的色彩和风貌。例如，春季盛开的樱花、夏季茂密的绿荫、秋季火红的枫叶和冬季苍翠的松柏，形成了丰富的视觉效果。乔木提供了垂直的层次感，灌木和草坪则填补了中下层的空间，而藤本植物则通过垂直绿化增加了绿地的层次和趣味。这样的组合，使绿地在每个季节都充满生机和活力，提升了居住区的整体景观水平。

4. 选择易管理的树种

选择易管理的树种对于居住区绿地的长期维护和管理至关重要。设计师在选用植被时，应优先考虑那些生长稳定、病虫害少、维护成本低的树种。通过选择耐修剪、耐旱、耐贫瘠的植物，可以减少日常养护工作的复杂性和频率，降低管理成本。例如，常绿乔木和耐旱灌木不仅生长迅速，还能保持长时间的景观效果，减少浇水和施肥的需求。易管理的树种不仅降低了养护难度，还确保了绿地的持续健康和美观，为居住区居民提供一个持久的绿色环境。

5. 提倡发展垂直绿化

垂直绿化作为一种创新的绿化形式，能够在有限的空间内增加绿化面积，提升居住区的绿视率和生态效益。设计师通过在墙面、阳台、护栏等垂直结构上种植藤本植物和悬挂植物，创造出丰富的立体绿化景观。垂直绿化不仅美化了建筑立面，还能有效隔热降温，减少城市热岛效应。通过使用自动浇灌系统和智能管理技术，垂直绿化的维护也变得更加便捷。发展垂直绿化，不仅能最大化利用有限的土地资源，还能为居民提供一个更加清新宜人的生活环境，展现出现代城市绿化的新趋势和新思路。

6. 注意植物生长的生态环境，适地适树

由于居住区建筑往往占据光照条件好的方位，绿地常常受挡而处于阴影之中。在阴面应考虑选用耐阴植物，如珍珠梅、金银木、桧柏等。对于一些引种树种要慎重选择，以免“水土不服”，生长不良。同时，可以从生态功能出发，建立有益身心健康的香花、有益招引鸟类的保健型植物群落。

总之，居住区绿地的质量直接关系到居住区内的温度、湿度、空气含氧量等指标。因此，要利用树木花草形成良好的生态结构，努力提高绿地率，达到新居住区绿地率不低于30%，旧居住区改造不宜低于25%的指标，创造良好的生态环境。而居住区绿化不能只是简单地种些树

木，应该从改善居住区的环境质量、增加景观效果、提高生态效益及卫生保健等方面统筹考虑，满足居民生理和心理上的需求。

植物选择要考虑多样性，丰富的树种类别不仅能与居住区内多种设施相结合形成多样景观，而且能增加居住区人工植物群落的稳定性以及植物景观丰富度和美化度。植物配置方面也应注意多样性，特别在植物组合上，乔木、灌木、地被、草坪、藤本的合理组合，常绿树与落叶树的比例、搭配方式等，都要充分注重生物的多样性。只有保证物种的多样性，才能保持生态的良性循环。为了充分发挥生态效益，尽早实现环境美，应进行适当密植，并依照季节变化，考虑树种搭配，做到常绿与落叶相结合、乔木与灌木相结合、木本与草本相结合、观花与观叶相结合，形成三季有花、四季常青的植物群落。

（二）居住区绿地典型植被配置模式

在居住区绿地规划设计中，要合理确定各类植物的比例，除了应达到一些表面的指数指标，如绿地率、物种多样性等标准之外，还应满足以下条件：

1. 植物群落功能多样性

居住区绿地中的植物群落首先应具有观赏性，能创造景观，美化环境，为人们提供休憩、游览和文化生活的环境；其次具有改善环境的生态性，通过植物的光合、蒸腾、吸收和吸附作用，调节小气候，吸收固定环境中的有害物质，削减噪声、防风防尘，维护生态平衡、改善生活环境；再次是具有生态结构的合理性，要具有合理的时间结构、空间结构和营养结构，与周围环境组成和谐的统一体。

2. 群落类型的多样性和布局合理性

在居住区绿地的规划设计中，应考虑各种绿地的类型和方位，合理布置不同类型的绿地，充分利用现状条件，综合运用环境艺术处理手法，尽量创造多样的植物群落类型，比如生态保健型植物群落、生态复层型植物群落等。

3. 景观体现文化艺术内涵

居住区环境具有人类文化艺术的属性。因此，居住区绿地规划设计不能忽略其与文化艺术的联系，缺乏文化含义和美感的居住区绿地是不会被接受的。居住区绿地规划设计应结合当地的大环境，运用植物最本身的特色，力争赋予居住区各类绿地的植物景观以文化艺术内涵。

根据对城市居住区常用绿化植物的综合评价、分级及对现状树种普查的综合结果，从以下三个方面对相关配置模式进行筛选、构建：①筛选出适合城市居住区绿地最常用的 10 ～ 20 种园林植物。②归纳总结出各类绿地的基本配置模式。③综合考虑植物配置模式的群落结构、观赏特性、观赏时序和生态绿量等因素。

设计师应结合城市生态园林植物配置的经验，构建适合城市居住区、能够长期稳定共存的复层混交立体植物群落，有利于人与自然的和谐共处，充分发挥居住区绿地的生态效益、经济效益和社会效益。

（三）工业污染居住区绿地植物配置模式

1. 隔离带绿化植物配置模式

隔离带绿化是工业污染居住区的一项重要策略，通过设置植物屏障，有效隔离工业区与居住区，减轻工业污染对居民生活的影响。设计师在隔离带中选用高大乔木和密集灌木，形成多层次的植物屏障，这些植物不仅能有效阻挡有害气体和颗粒物的扩散，还能通过光合作用净化空气。种植高大乔木如白杨、桉树等，它们不仅生长迅速，还具备较强的抗污染能力。灌木层则可以选择如冬青、黄杨等耐修剪的品种，形成紧密的绿色屏障。地被植物如麦冬草和鸢尾草，能覆盖地面，防止土壤侵蚀，进一步增强隔离效果。通过这种多层次、多样化的植物配置模式，隔离带绿化不仅提高了绿地的生态效益，还为居民提供了一个清新、健康的生活环境。

2. 减噪效果好的植物配置模式

在工业污染居住区，噪音污染是一个严重影响居民生活质量的问题。设计师可以通过选用具有良好减噪效果的植物，构建绿色屏障，显著降低噪音对居住区的影响。选择叶片厚实、冠幅密集的植物，如松树、樟树和柏树，这些植物能够有效吸收和反射声波，减少噪音传播。灌木如杜鹃、红叶石楠和夹竹桃，枝叶繁茂，形成了低层的减噪屏障。爬藤类植物如常春藤和凌霄花，覆盖在墙面和护栏上，增加了立体减噪效果。通过合理的植物组合和层次布局，构建起一个高效的减噪绿地，使居住区环境更加宁静舒适，提升居民的生活质量。

3. 滞尘能力强的植物配置模式

在工业污染严重的居住区，空气中的粉尘和颗粒物对居民健康构成威胁。滞尘能力强的植物在绿地配置中扮演着重要角色，通过其叶片和枝条捕捉并吸附空气中的尘埃，显著改善空气质量。设计师选用叶面粗糙、表面具毛的植物，如银杏、栾树和榆树，这些树种能够有效吸附空气中的颗粒物。灌木层则选择如紫薇、木槿和红瑞木等，它们不仅滞尘效果好，还能通过频繁的修剪保持良好的绿化效果。地被植物如紫花地丁和小叶栒子，可以覆盖地面，进一步减少尘埃的扬起。通过这种滞尘能力强的植物配置模式，绿地不仅美化了环境，还为居民提供了一个更为清洁、健康的居住空间。

4. 综合抗污染能力强的植物配置模式

综合抗污染能力强的植物配置模式，旨在通过多种功能性植物的结合，全面提升居住区绿地的抗污染能力。设计师在配置时，选用能够同时应对多种污染类型的植物，如二氧化硫、氮氧化物和粉尘等。乔木层可以选择悬铃木、广玉兰和女贞等树种，这些植物具备较强的抗污染和净化空气的能力。灌木层则可以选择如海桐、棣棠和柠檬桉等，能够有效吸收有害气体并提供良好的绿化效果。地被植物如四季青和矮牵牛，不仅覆盖地面，还能吸附空气中的尘埃。通过综合考虑植物的抗污染特性，设计师将这些植物有机结合，不仅形成一个多功能、高效的抗污染绿地系统，而且显著改善了居住区的环境质量，为居民创造了一个宜居的生活空间。

第六章　绿色建筑环境中的可持续设计实践

第一节　绿色建筑设计内容与方法

一、绿色建筑设计的内容

绿色建筑的设计内容远多于传统建筑的设计内容。绿色建筑的设计是一种全面、全过程、全方位、联系、变化、发展、动态和多元绿色化的设计过程，是一个就总体目标而言，按照轻重缓急和时空上的次序先后，不断地发现问题、提出问题、分析问题、分解具体问题、找出与具体问题密切相关的影响要素及其相互关系，针对具体问题制订具体的设计目标，围绕总体的和具体的设计目标进行综合的整体构思、创意与设计。根据目前我国绿色建筑发展的实际情况，一般来说，绿色建筑设计的内容主要概括为综合设计、整体设计和空间设计三个方面。

（一）绿色建筑的综合设计

绿色建筑的综合设计，是指技术、经济、绿色一体化综合设计，就是以绿色化设计理念为中心，在满足国家现行法律法规和相关标准的前提下，在进行技术上的先进可行性和经济的实用合理性的综合分析的基础上，结合国家现行有关绿色建筑标准，按照绿色建筑的各方面要求，对建筑进行的包括空间形态与生态环境、功能与性能、构造与材料、设施与设备、施工与建设、运行与维护等方面在内的一体化综合设计。

在进行绿色建筑的综合设计时，要注意考虑以下内容：进行绿色建筑设计要考虑到建筑环境的气候条件；进行绿色建筑设计要考虑到应用环保节能材料和高新施工技术；绿色建筑是追求自然、建筑和人三者之间的和谐统一；以可持续发展为目标，发展绿色建筑。

绿色建筑是随着人类赖以生存的自然界不断濒临失衡的危险现状所寻求的理智战略，它告诫人们必须重建人与自然有机和谐的统一体，实现社会经济与自然生态高水平的协调发展，建立人与自然共生共息、生态与经济共繁荣的持续发展的文明关系。

（二）绿色建筑的整体设计

绿色建筑的整体设计，是指全面、全程动态人性化的整体设计，就是在进行建筑综合设计的同时，以人性化设计理念为核心，把建筑当作一个全生命周期的有机整体来看待，把人与建筑置于整个生态环境之中，对建筑进行的包括节地与室外环境、节能与能源利用、节水与水资源利用、节材与绿色材料资源利用、室内环境质量和运营管理等方面在内的人性化整体设计。

整体设计对绿色建筑至关重要，必须考虑当地的气候、经济、文化等多种因素，从6个技术策略入手：一是要有合理的选址与规划，尽量保护原有的生态系统，减少对周边环境的影响，并且充分考虑自然通风、日照、交通等因素；二是要实现资源的高效循环利用，尽量使用再生资源；三是尽可能采取太阳能、风能、地热、生物能等自然能源；四是尽量减少废水、废气、固体废物的排放，采用生态技术实现废物的无害化和资源化处理，以回收利用；五是控制室内空气中各种化学污染物质的含量，保证室内通风、日照条件良好；六是绿色建筑的建筑功能要具备灵活性、适应性和易于维护等特点。

（三）绿色建筑的创新设计

绿色建筑的创新设计是指具体、求实、个性化创新设计，就是在进行综合设计和整体设计时，以创新型设计理论为指导，把每一个建筑项目都作为独一无二的生命有机体来对待，因地制宜、因时制宜、实事求是和灵活多样地对具体建筑进行具体分析，并进行个性化创新设计。创新是以新思维、新发明和新描述为特征的一种概念化过程，创新是设计的灵魂，没有创新就谈不上真正的设计，创新是建筑及其设计充满生机与活力永不枯竭的动力和源泉。

二、绿色建筑设计的原则

绿色建筑是综合运用当代建筑学、生态学及其他技术科学的成果，把建筑看成一个小的生态系统，为使用者提供生机盎然、自然气息深厚、方便舒适并节省能源、没有污染的建筑环境。绿色建筑是指能充分利用自然资源，并以不破坏环境基本生态为目的而建造的人工场所，所以，生态专家们一般又称其为“环境共生建筑”。绿色建筑不仅有利于小环境及大环境的保护，而且将十分有益于人类的健康。为了达到既有利于环境，又有利于人体健康的目的，绿色建筑设计应遵循以下设计原则。

（一）坚持建筑可持续发展的原则

绿色建筑设计应贯穿整个生命周期，确保从规划、设计、施工到运营、维护的各个环节都能实现资源的高效利用和环境的最小影响。设计师在规划阶段需充分考虑建筑选址的生态效益，应选择环境负荷较小的地点，避免对自然生态系统形成破坏。在设计过程中，采用可再生能源技术，如太阳能和风能，减少对化石能源的依赖，同时优化建筑的自然采光和通风系统，提升能源使用效率。施工阶段应尽量使用环保建材，减少建筑废弃物的产生，通过预制装配式建筑技术，降低施工过程中的资源消耗。运营维护阶段，应用智能管理系统，实现对水、电、暖等资源的高效监控和管理，确保建筑在整个使用周期内保持高效、节能和环保的状态。通过坚持可持续发展的原则，绿色建筑不仅实现了对环境的保护，还为居住者提供了一个健康、舒适的生活和工作空间。

（二）坚持全方位绿色建筑设计的原则

绿色建筑设计应当全面覆盖建筑的各个方面，从结构、材料到功能和美学，均需体现出绿色理念。首先，建筑结构应注重空间的灵活性和适应性，通过模块化设计，确保建筑能够适应未来的功能变化和使用需求。材料选择方面，优先采用环保、可回收的建材，如再生钢材、竹材和天然石材，减少对不可再生资源的依赖。在功能设计上，强调人与自然的和谐共处，设置绿化屋顶、垂直绿化和室内植物墙，不仅美化了建筑环境，还提升了室内空气质量。水资源管理也是全方位绿色建筑设计的重要内容，通过雨水收集、灰水处理和中水回用系统，实现水资源的循环利用。美学设计则融合自然元素和现代科技，营造出简约、自然且富有科技感的建筑外观。全方位绿色建筑设计不仅关注环境效益，更注重提升人们的生活品质，使建筑成为人与自然和谐共生的典范。

三、绿色建筑设计的程序

绿色建筑设计的发展是实现科学发展观，提高生活质量和工作效率的必然结果，并为中国的建筑行业及人类可持续发展做出重要贡献。随着建筑技术与经济的不断发展，绿色建筑设计对未来建筑发展将起到主导作用。发展绿色建筑设计逐渐为人们认识和理解。绿色建筑设计贯穿了传统工程项目设计的各个阶段，从前期可研性报告、方案设计、初步设计一直到施工图设计，及施工协调和总结等各个阶段，均应结合实际项目要求，最大化地实现绿色建筑设计。

绿色建筑设计程序基本上可归纳为以下七大阶段性的工作内容。

（一）项目委托和设计前期的研究

项目委托阶段，业主和设计团队的首次沟通至关重要，双方需明确项目的目标、需求和期望。在这一阶段，设计团队通过对项目场地的详细调查和环境评估，了解当地的气候条件、地质情况和生态特征。数据收集和分析是关键，通过对能源、水资源、材料等方面的深入研究，设计团队可以制订初步的绿色设计策略。与此同时，与政府相关部门沟通，了解当地的建筑法规和绿色建筑标准，确保设计符合所有规定。前期研究不仅奠定了设计的基础，还为后续的设计方案提供了科学依据和创新思路。

（二）项目方案设计阶段

在方案设计阶段，设计师开始将前期研究的成果转化为具体的设计方案。创意和技术在这一阶段得到了充分的结合，通过建筑模型和数字模拟，设计团队展示了建筑的总体布局、结构形式和功能分区。重点考虑自然通风、采光、保温隔热等绿色设计要素，优化建筑的能源效率和舒适度。与客户进行多次反馈和修订，使设计方案不断完善，确保其不仅美观大方，还具备高度的可持续性。设计师还需要与各专业顾问合作，综合考虑建筑的结构、安全、电气和机械系统，确保设计方案的整体性和协调性。

（三）工程初步设计阶段

进入工程初步设计阶段，设计方案开始细化，建筑的结构和系统设计逐步展开。设计团队需制订详细的设计图纸和技术说明，涵盖建筑的结构、给排水、暖通空调和电气系统等方面。通过能源模拟和环境分析，进一步优化建筑的节能效果和环境性能。设计师与工程师密切合作，确保每个系统都能高效运行，并符合绿色建筑的标准和规范。同时，与供应商和施工单位进行初步接触，了解市场上最新的绿色建材和技术，确保工程实施时能达到设计预期。初步设计阶段的重点在于将创意和技术落地，为施工图设计打下坚实基础。

（四）施工图设计阶段

施工图设计阶段是将初步设计的各项细节落实到具体的施工图纸上。设计团队需绘制详细的施工图，包括平面图、立面图、剖面图和各类施工节点图，确保每一个设计细节都明确表达。设计师与施工方密切合作，解决施工中的技术难题，并优化施工流程，确保绿色设计理念贯穿始终。施工图设计还需考虑材料的实际应用和施工工艺的可行性，通过详细的施工图纸，指导施工单位准确无误地完成建筑施工。同时，设计团队需提供详细的施工规范和技术要求，确保施工过程中的每一步都符合绿色建筑标准。

（五）施工现场的服务和配合

在施工现场服务和配合阶段，设计团队需要对施工全过程进行跟踪和指导，确保设计意图得到准确实现。设计师定期到现场检查施工进度和质量，及时解决施工中出现的问题，调整和优化施工方；与施工单位、监理单位和业主保持密切沟通，确保各方对设计要求和技术标准的理解一致。对于绿色建筑的特殊工艺和技术，如节能设备的安装、绿色材料的应用等，设计师需提供详细的技术指导和培训，确保施工人员掌握正确的操作方法。通过现场服务和配合，设计团队能确保绿色建筑项目按计划、高质量地完成，最终实现预期的环保和节能效果。

（六）竣工验收和工程回访

建设工程项目的竣工验收，是全面考核建设工作，检查是否符合设计要求和工程质量的重要环节，对促进建设项目及时投产，发挥投资效果，总结建设经验有重要作用。建设工程项目竣工验收后，虽然通过了交工前的各种检验，但由于影响建筑产品质量稳定性的因素很多，仍然可能存在一些质量问题或者隐患，而这些问题只有在产品的使用过程中才能逐渐暴露出来。因此，进行工程回访工作是十分必要的。

（七）绿色建筑评价标识的申请

绿色建筑评价标识的评价工作程序主要包括以下几个方面。

第一，绿色建筑办公室（“绿建办”）通过住房和城乡建设部官方网站发布申报通知，明确申报条件与流程，指导申报单位按要求准备相关资料。

第二，申报材料提交后，由“绿建办”或地方绿色建筑评价标识管理机构进行初步审核，确认材料完整与合规。通过形式审查的项目，将进入专业评价阶段，由专家团队进行详细评审。评审结果经住房和城乡建设部复核无误后，将在官网公示，最终公布获星级评价的项目名单。

第三，对于荣获三星级评价的绿色建筑及其单位，住房和城乡建设部将正式授予绿色建筑评价标识证书与标志（挂牌），彰显其卓越的绿色性能与环保贡献。

第四，地方住房和城乡建设管理部门向获得一星级和二星级绿色建筑评价标识的项目及单位颁发相应证书与标志，表彰其在绿色建筑领域的努力与成就。

第五，“绿建办”与地方管理机构将根据实际情况，不定期组织评价标识活动，分批次推进绿色建筑的评定工作，持续推动行业绿色转型与发展。

四、绿色建筑设计的方法

（一）整体环境的设计方法

在整体环境设计中，设计师需将建筑融入自然生态系统，通过生态规划和环境管理实现可持续发展。首先，分析场地的地形、水文和气候条件，制订因地制宜的规划策略，最大限度地保留和利用自然景观和生态资源。通过合理布局建筑群和绿地，形成良好的微气候环境，减少热岛效应。水资源管理是整体环境设计的关键，设计师需规划雨水收集、渗透和再利用系统，减少城市径流和水资源浪费。绿地系统的规划则需要多样化的植物配置，增强生态功能和景观效果。通过步行道和自行车道的合理设置，鼓励绿色出行，减少碳排放。综合考虑交通、能源、废物管理等因素，整体环境设计不仅提升了建筑的生态性能，还创造了一个健康、舒适和高效的生活和工作环境。

（二）建筑单体的设计方法

在建筑单体设计中，设计师需要注重每一个细节，以确保建筑在美观、功能和环保方面的完美结合。首先，建筑的朝向和形态设计应充分考虑自然通风和采光，通过优化窗户和开口位置，最大化利用自然资源，减少对人工照明和空调的依赖。使用高效的保温隔热材料，减少热量流失，提高建筑的能源效率。屋顶绿化和立体绿化的应用，不仅增加了绿地面积，还改善了建筑的热环境。建筑内部的空间布局应考虑自然光的引入和空气流通，创建一个健康、舒适的室内环境。采用智能化系统，实现对能源、水资源的高效管理和控制，确保建筑的可持续运行。通过这些设计方法，单体建筑不仅满足了功能和美学的需求，还在节能环保方面达到了最佳效果。

第二节 可持续理念下绿色建筑设计中的技术支持

一、绿色建筑的可再生能源利用技术

（一）太阳能建筑及技术

1. 被动式太阳能建筑及技术

（1）被动式太阳能建筑设计的基本原则

①合理的选址

建筑选址应遵循争取冬季最大日照原则；结合当地气候条件，合理布局建筑群，在建筑周边形成良好的风环境；并通过改造建筑周边自然环境以改善建筑周边微气候。

②合理的朝向

建筑朝向选择的原则是冬季尽量增加热量，夏季尽量减少热量。

③通过遮阳调节太阳的热量

冬季尽量多获取阳光和夏季减少阳光的照射是个矛盾的问题，因此，可设计合理的遮阳设施加以解决。

④在适当位置设置蓄热体

蓄热体的作用是减小室内温度波动，提高环境舒适度。蓄热体可分为原有蓄热体和附加蓄热体两类。

⑤墙体、屋面、地板和门窗的保温

保温材料在冬季可以减少热量的损失，夏季又可以减少热量的吸收。在被动式太阳能建筑中，是减少室内负荷、提高太阳能保证率的重要措施。

⑥封闭空间的空气流通

封闭空间应有一定的空气流通，提高房间的密封性来减少空气渗透，是重要的节能手段，但同时也会造成室内空气质量下降。

⑦提供高效、适当规模、适应环境的辅助加热系统

太阳能的特点之一是不稳定。通常按一定的太阳能保证率进行太阳能利用系统的设计，然后加以辅助加热装置，可以寻求到投资和资源利用的平衡点。

（2）被动式太阳能建筑基本集热方式

①直接受益式

阳光射入室内后，首先使地面和墙体温度升高，进而以对流和热辐射作用加热室内空气和其他围护结构，另外一部分热量被储存在地面和墙体中，待夜间缓慢释放出来维持室内空气温度。此种方式利用南立面的单层或多层玻璃作为直接受益窗，利用建筑围护结构进行蓄热。

采用该方式需要注意以下几方面的问题：首先，建筑朝向在正南 ±30° 以内，以利于冬季集热；其次，需要充分考虑所处地区的气候条件，根据建筑热工条件选择适宜的窗口面积、玻璃层数、玻璃种类、窗框材料和结构参数；再次，为减小夜间通过窗结构引起的对流和辐射损失，需要采用保温帘等做好夜间保温措施；最后，为避免引起夏季室内过热或增加制冷负荷，该方式宜与遮阳板配合使用。

②集热蓄热墙式

集热蓄热墙易与建筑结构相结合，不占用室内可用面积。与直接受益窗结合，可充分利用南墙集热。在设计集热蓄热墙时，需要注意以下几方面的问题：第一，需要综合考虑建筑性质和结构特点，选择合适的立面组合形式；第二，根据性能、成本、使用环境的条件，选择适宜的玻璃墙材料和层数，以及选择性吸收涂层的材料；第三，综合功能性和经济性分析，选择合理的蓄热墙材料和厚度；第四，选择适宜的空气间层厚度与通风孔位置及开口面积，确保空气流通顺畅；第五，合理确定隔热墙体的厚度，避免夏季增加过多的空调负荷或冬季保温性能差的问题；第六，集热蓄热墙应该便于操作，方便安装和维修。

③附加阳光间式

用墙或窗将室内空间隔开，向阳侧与玻璃幕墙组成附加阳光间，其结构类似于被横向拉伸的集热蓄热墙。附加阳光间可以结合南廊、入口门厅、封装阳台等设置，增加了美观性与实用性。由于可用面积较大，可用于栽培花卉或植物，因此也被称为“附加温室式太阳房”。

在设计附加阳光间时，需要注意以下几方面的问题：首先，合理确定玻璃幕墙的面积和层数，以充分利用太阳能资源，夜间须做好保温工作；其次，夏季应该采取有效的遮阳与通风措施，减少室内空调负荷；最后，合理组织附加阳光间与室内空气循环流动，防止在阳光间顶部出现“死角”。

④屋顶蓄热池式

在屋顶安设吸热蓄热材料作为蓄热池，冬季时白天蓄热材料吸收太阳辐射并蓄热，通过屋顶结构以类似辐射采暖的方式将热量传向室内，夜间需要盖上保温盖板，减少蓄热体向周围环境的辐射和对流换热，靠蓄热向室内供热。夏季时，夜晚使蓄热池暴露于空气中，将热量散发于环境中，白天盖上保温盖板，屋顶结构就可以以辐射供冷的方式降低室内温度。

⑤对流环路式

集热器通过风道与室内房间及蓄热床相通，被加热的空气可直接送入室内房间或通过蓄热床储存，以便需要时再进行放热。由于结构特性，空气集热器安装高度低于蓄热结构，而蓄热床一般布置在房间地面下方，因此，集热器一般安装于南墙下方，比较适合存在有一定斜度的南向坡地上的建筑使用。

（3）被动式降温设计

和被动式采暖一样，太阳能建筑的夏季冷负荷也可通过被动式降温设计加以解决。通过精良的建筑设计、良好的建筑施工，以及合适的材料选择，可以使所有地区的建筑实现通风降温，大幅度减小夏季的空调冷负荷，起到明显的节能效果。

（4）蓄热体设计

①蓄热体的作用与要求

在被动式太阳能建筑中，蓄热体的作用是吸收太阳辐射的热量并将部分热量储存起来，白天起到减小室温随太阳辐照波动，稳定室温的作用，夜间可起到释放白天吸收的热量向室内供热，延迟放热的作用。

②蓄热材料的分类

蓄热材料按材料在吸热释热前后是否发生相变可分为显热蓄热材料和相变蓄热材料两类。显热蓄热是指通过物质温度的上升或下降来吸收或释放热量，在此过程中物质的形态没有发生变化。建筑设计中常用的显热蓄热材料有水、混凝土、沙、砖、卵石等。其中，以水为蓄热材料在太阳能利用领域中最为常见。

③相变蓄热材料的种类

无机相变材料，主要有结晶水合盐、熔融盐、金属或合金。结晶水合盐是中、低温相变蓄热材料中常用的材料。有机相变材料，主要有石蜡、脂肪酸、某些高级脂肪烃、某些聚合物等有机物。复合相变蓄热材料是指相变材料和高熔点支撑材料组成的混合蓄热材料，它不需要封装容器，减少了封装的成本和难度，减小了容器的传热热阻，有利于相变材料与传热流体之间的换热。

④相变蓄热材料的选用原则

相变材料以其优异的储热密度和恒温性能，得到人们越来越多的关注。理想的相变蓄热材料应具备以下性质：

热力学性能：有适当的相变湿度；具有较大的相变潜热；具有较大的导热和换热系数；相变过程中体积变化小。

动力学性能：凝固过程中过冷度没有或很小，或很容易通过添加成核添加剂得以解决；有良好的相平衡特性，不会产生相分离。

化学性能：化学性质稳定，以保证蓄热材料较长的使用寿命；对容器无腐蚀作用；无毒、不易燃易爆、对环境无污染。

经济性能：制取方便，来源广泛，价格便宜。

⑤蓄热体设计要点

墙、地面等蓄热体应采用比热容较大的物质，如石、混凝土等，或采用相变蓄热材料或水墙。蓄热体表面不应铺设地毯、壁毯等附着物，以免蓄热结构失效。直接接受太阳能辐射的墙或地面应采用蓄热体。蓄热体地面宜采用黑色表面，以利于增大对可见光的吸收率。利用砖石材料作为蓄热材料的墙体或地面，其厚度宜为 100 ～ 200mm。以水墙为蓄热体时，应尽量增大其换热面积。对于不同的被动式太阳能建筑，需要采取不同的保温方式用于夜间保温，减少蓄热体的对流和辐射损失。

2. 太阳能与建筑一体化技术

（1）光热建筑一体化技术

①太阳能集热器的安全性要求

充分考虑建筑结构特点，确保所选安装位置有足够的荷载承受能力，预埋件有合理的结构和足够的强度。集热器在使用过程中，若发生脱落甚至高空跌落事件，可能造成非常严重的灾难性后果。因此，在建筑设计阶段应合理安排预埋件的位置，确保安装稳定牢固。

太阳能集热器有避雷保护。太阳能集热器中使用了大量的金属材料，且位于室外使用，若没有防雷保护措施，雷电可能会沿管路进入室内，威胁到用户的人身安全。因此，集热器及与其连接的金属管路也应接入建筑防雷系统中。集热器与屋面结合时，需要结合排水进行设计，以保证屋面正常排水，避免积水对集热器和屋面造成不良影响。集热器周围应尽量留出一定的维修空间，方便进行养护和维修。

②太阳能与建筑的具体结合方式

A. 太阳能集热器与平屋顶结合

在平屋顶上安装太阳能集热器是最简单的一种方式，太阳能集热部件与建筑结构相关性较小，设计难度最低，一般不对建筑外观构成不良影响。

B. 太阳能集热器与坡屋顶相结合

将太阳能集热器安装于南向坡屋顶上，在设计时就要充分考虑太阳能组件的安装需要，倾角可由集热器倾角决定，以减小设计和安装的难度，提高建筑外观美感。

C. 太阳能集热器与遮阳板相结合

采用此种方法时需要注意，集热器尺寸的计算和选择要兼顾冬季采光的要求，一般集热面积不大，管路在屋顶布置时还需要考虑室内美观方面的要求。

D. 太阳能集热器与墙面结合

此种方法可解决屋顶可用采光面积不足的问题，适合高层建筑用户使用，一般安装于建筑南立面的窗间、窗下等位置。

（2）光伏建筑一体化技术

①太阳能光伏建筑一体化的设计要点

A. 建筑所处的地理位置和气象条件

这些是建筑设计和太阳能利用系统都需要考虑的原始资料，因此在一体化设计过程中，需要针对特定的自然条件分别进行建筑结构和太阳能光伏组件的设计，然后将建筑作为整体，分别校核建筑结构与光伏组件是否满足相应的设计要求，若不满足则需要返回进行修正并重新校核。对于高度较高的建筑，要特别注意风压对光伏组件安全性的影响。

B. 建筑朝向及周边环境

光伏一体化设计的建筑宜采取朝南或南偏东的方向。处于建筑群中的建筑，应根据周围建筑的高低、间距等计算适宜布置光伏组件的最低位置，并在最低位置以上设计和安装光伏组件。对于较低处易于被建筑、绿化等遮挡或日照时数较少的位置则不适合布置光伏组件。

C. 建筑的功能、外形和负荷要求

建筑一体化设计的任务之一就是将光伏系统与建筑外表面进行综合考虑和设计，提高建筑整体的协调性与视觉效果，做到功能与外观的协调与统一，并尽量做到避免产生遮挡光伏组件的情况。同时，还要了解负载的类型、功率大小、运行时间等，对负载做出准确的估算。

D. 光伏组件的计算与安装

综合考虑建筑的外观、结构等因素，选择适宜的安装位置与角度。即使光伏组件发生很小的遮挡也会对整体性能产生很大的影响，因此在设计阶段要特别注意光伏组件的安装位置和角度的选择，并据此设计支架或固定结构。

E. 配套的专业设计

太阳能光伏电池组件除需要满足自身性能及安全性要求外，在进行光伏建筑一体化设计过程中，还需要结合建筑整体进行建筑结构安全、建筑电气安全的分析和设计，满足建筑整体上的防火、防雷等安全要求，实现真正意义上的光伏建筑一体化。

②光伏建筑一体化的建筑设计规划原则

与太阳能利用一体化的建筑，其主要朝向宜朝南（以北半球为例），不同朝向的系统发电效率不同，因此要结合当地纬度条件和建筑体形及空间组合，为充分利用太阳能创造有利条件。

与太阳能光伏一体化设计的建筑群，建筑间距应满足该地区的日照间距的要求，在规划中建筑体的不同方位、体型、间距、高低及道路网的布置、广场绿地的分布等都会影响到该地区的微气候，影响建筑的日照、通风和能耗。

在光伏一体化建筑周围设计景观设施及周围环境配置绿化时，应避免对投射到光伏组件上的阳光造成遮挡。

建筑规划时要综合考虑建筑的地理位置、气候、平均气温、降雨量、风力大小等因素，建筑物本身和所在地的特点共同决定光伏组件的安装位置与方式，并对系统的性能和经济性产生影响。

③光伏建筑一体化的建筑美学设计

建筑一体化设计，不仅指结构上的一体化设计，还需要考虑建筑美学因素，从而实现功能与外观的完美统一。下面主要探讨光伏系统在建筑外表面的设计中需要考虑的一些因素。

A. 与建筑的有机结合

要使光伏组件与建筑有机结合在一起，需要在建筑设计的开始阶段，就把光伏组件作为建筑的一个有机组成部分进行共同设计，将光伏组件融入建筑设计中，从色彩和风格等方面做到完美的统一。

B. 增加建筑的美感

光伏组件通常被安装在建筑外表面的突出部分，以避免建筑结构在其上产生阴影，因此它们是最容易被看到的。在光伏组件的选择上，单晶硅、多晶硅和非晶硅在视觉上会产生不同的效果，光伏组件的几何特性、颜色和装饰系统等美学特点也会影响建筑的整体外观，通过变换太阳能电池的种类和位置，可以获得不同颜色、光影、反射度和透明度等令人惊奇的效果。

C. 合适的比例和尺度

光伏组件的比例和尺度应符合建筑的比例和尺度特性，这将对光伏单体组件的尺寸选择产生影响。

D. 文脉

建筑文脉强调单体建筑是群体建筑的一部分，注重建筑在视觉、心理、环境上的沿承性。在光伏建筑一体化设计方面，文脉就体现在光伏组件与建筑性格的吻合上。建筑性格是一种表达建筑物的同类性的特性，一个建筑物的性格，是建筑物中那些显而易见的所有特点综合起来形成的。

（二）空调冷热源技术

1. 常用冷热源方式的选择

常用的冷热源方式主要有电动式制冷机组加锅炉、溴化锂吸收式制冷机加锅炉、直燃式溴化锂吸收式制冷机组、电动式制冷机组加锅炉加冰蓄冷系统。在不同环境条件下如何合理选择空调冷热源，可以分别从系统性能、能耗、初投资和运行费用、技术先进程度、环境友好性、适用条件等方面进行分析比较，达到经济合理、技术先进、减少能耗的目的。

2. 绿色建筑能源系统

绿色建筑能源系统设计应在能满足建筑功能需求的前提下，充分考虑围护结构以及外界气候条件等因素，充分利用自然能源和低品位能源以满足建筑内部对于节能和舒适方面的需求。在暖通空调技术方面，实际工程中广泛应用的常规技术普遍存在一些不足，这就促使绿色建筑能源系统设计向更加节能和环保的方向发展。绿色建筑的能源系统设计是一项复杂的系统工程，需要建筑设计师和设备工程师通力合作，才能创造出各种类型的各具特色的绿色建筑。

3. 空调冷热源新技术

（1）太阳能的开发和利用

作为一种清洁无污染、取之不尽、用之不竭的可再生能源，太阳能在建筑能源系统中有广泛的应用并且历史悠久。除了太阳能热水技术以外，在建筑能源系统中主要有太阳能采暖和太阳能制冷。此外，近年来利用太阳能的热驱动强化过渡季节室内通风的降温形式也引起人们的关注。

时至今日，研究者已在这一领域进行了大量工作，提出多种技术，而以热制冷最受青睐，主要方式有：太阳能吸收式制冷、太阳能喷射式制冷和太阳能吸附式制冷。

①太阳能直接供热系统

利用太阳能直接供热系统，能够将太阳辐射能转化为热能，满足生活和工业对热水和供暖的需求。设计师在建筑设计中，将太阳能集热器安装在建筑物的屋顶或阳台，通过集热器吸收太阳光，将其转化为热能，并通过传热介质如水或空气，将热能输送到储热系统。储热系统可以储存热能，在太阳辐射不足的情况下，仍能提供稳定的热水供应。太阳能供热系统在寒冷地区尤为重要，能够大幅减少对化石燃料的依赖，降低供暖成本和碳排放。此外，太阳能直接供热系统具有安装便捷、维护简单的优点，使其在家庭和商业建筑中得到广泛应用。通过优化集热器的材料和设计，提升其热效率，太阳能直接供热系统在未来将具有更广阔的应用前景。

②太阳能吸收式制冷

太阳能吸收式制冷技术是一种利用太阳能提供冷却效果的环保制冷方式。设计师在建筑物的屋顶或外墙安装太阳能集热器，集热器将太阳光转化为热能，通过传热介质传递给吸收式制冷系统。该系统利用吸收剂和制冷剂的吸收与释放过程，实现制冷循环。常见的吸收剂和制冷剂组合包括溴化锂 - 水和氨 - 水等。太阳能吸收式制冷系统在高温天气下表现尤为出色，能够提供持续稳定的冷却效果。其主要优点在于利用可再生能源，减少对电力的依赖，降低能耗和碳排放。尽管初期安装成本较高，但通过长时间运行的节能效果，能够实现成本的逐步回收。未来，随着技术的不断进步和材料的优化，太阳能吸收式制冷有望在更广泛的应用场景中发挥作用。

③太阳能吸附式制冷

太阳能吸附式制冷是一种创新的环保制冷技术，通过吸附剂和制冷剂的相互作用，实现太阳能的高效利用。系统主要由太阳能集热器、吸附床、冷凝器和蒸发器组成。集热器吸收太阳能，将其转化为热能，加热吸附床中的吸附剂（如硅胶、活性炭等），吸附剂在高温下释放制冷剂（如水或甲醇），释放的制冷剂在冷凝器中冷却并液化。液化后的制冷剂进入蒸发器，吸收周围环境的热量，实现制冷效果。吸附床在降温过程中再次吸附制冷剂，完成制冷循环。太阳能吸附式制冷具有无振动、低噪音、使用寿命长等优点，特别适用于缺电或电力昂贵的地区。其能效受集热器性能和环境温度的影响，通过优化吸附材料和系统设计，可以进一步提升其制冷效率和稳定性。

④太阳能喷射式制冷

太阳能喷射式制冷系统是一种利用太阳能驱动的制冷技术，通过喷射器实现冷却效果。该系统主要由太阳能集热器、发生器、喷射器、冷凝器和蒸发器组成。集热器将太阳能转化为热能，加热发生器中的工作流体（如氨或水），产生高压气体。高压气体通过喷射器，带动低压蒸气进入喷射器并压缩，提高其压力和温度。压缩后的气体在冷凝器中冷却并液化，液态工作流体经过膨胀阀降压后进入蒸发器，在蒸发器中吸收热量，实现制冷效果。喷射式制冷系统具有结构简单、运行可靠、维护方便等优点，适用于多种应用场景，如建筑空调、食品冷藏等。尽管其制冷效率相对较低，但通过改进喷射器设计和优化系统参数，可以提升其能效和稳定性，使其在未来的绿色建筑中发挥更大作用。

（2）冷热电联产（CCHP）

冷热电联产（Combined Cooling Heating and Power，CCHP）系统通过同时生成电力、热能和冷能，实现能源的综合利用和高效管理。设计师在建筑中部署CCHP系统，通常利用天然气或生物质作为燃料，通过微型燃气轮机或内燃机产生电力。生成的电力可供建筑使用，余热则通过余热锅炉或热交换器回收，用于供暖或制冷。特别是在制冷方面，CCHP系统利用吸收式或吸附式制冷机，将余热转化为冷能，提供夏季空调冷源。CCHP系统的主要优势在于提高了能源利用效率，减少了能源浪费和碳排放。通过一体化的能源管理和分布式发电，CCHP系统能够提供稳定、可靠的能源供应，适应多种建筑需求，尤其适合医院、酒店和大型商业综合体等能源需求多样化的场所。

（3）楼宇冷热电联产（BCHP）

楼宇冷热电联产（Building Cooling Heating Power，BCHP），是由一套系统解决建筑物电、冷、热等全部需要的建筑能源系统。BCHP可以是为单个建筑提供能源的较小型系统，也可以是为区域内多个建筑提供能源的分布式能源系统。

楼宇冷热电联产系统中余热型吸收式冷温水机组使冷热电联产系统大大简化，与燃气发电机组进行“无接缝”组合，大幅度提高了能源利用率。

（4）热泵技术

热泵技术作为一种高效节能的冷热源技术，通过从低温热源吸收热量并将其提升到高温，实现供暖或制冷。常见的热泵类型包括空气源热泵、水源热泵和地源热泵。空气源热泵利用空气中的热量，水源热泵通过地表水或地下水作为热源，而地源热泵则利用地下土壤的恒温特性。热泵技术的工作原理基于逆卡诺循环，通过压缩机、冷凝器、膨胀阀和蒸发器的循环运行，进行热量转移。其主要优点是能效高，通常能效比（COP）达到3~4倍，意味着每消耗1千瓦时的电能，可以产生3~4千瓦时的热能或冷能。设计师在应用热泵技术时，应根据当地气候条件和能源价格，选择适合的热泵类型和配置，以最大化节能效果和经济效益。

（5）蓄冷空调技术

蓄冷空调技术通过在非高峰用电时段制备并储存冷量，在高峰时段释放冷量，以满足空调负荷需求。这一技术主要通过冷水或冰蓄冷系统实现。冷水蓄冷系统利用低温水储存在蓄冷水箱中，而冰蓄冷系统则将水冻结成冰块储存在蓄冰装置内。高峰用电时段，蓄冷系统释放储存的冷量，通过冷水或冰水交换器向空调系统提供冷源，显著降低电网的高峰负荷，减少能源费用。蓄冷空调技术的优势在于能够实现电力负荷的削峰填谷，提高电网运行的稳定性和经济性。同时，通过利用夜间低电价时段制冷，用户可以有效降低空调运行成本。设计师在规划蓄冷系统时，需要考虑蓄冷容量、建筑冷负荷特性和电价机制，以确保系统的高效运行和经济回报。

（6）温湿度独立控制空调系统

温湿度独立控制空调系统，可以分为温度控制系统和湿度控制系统两个部分，分别对温度和湿度进行控制。与常规空调系统相比它可以满足不同房间热湿比不断变化的要求，避免了室内相对湿度过高或者过低的现象，同时采用温度与湿度两套独立的空调控制系统，分别控制室内的温度与湿度，避免了常规空调系统中热湿联合处理所带来的能量损失，能够更好地实现对建筑热湿环境的调控，并且具有较大的节能潜力。

（7）吸附式制冷

吸附式制冷技术利用吸附剂与制冷剂之间的物理吸附和解吸过程，实现制冷效果。这一技术的核心组件是吸附床，常用的吸附剂包括硅胶、活性炭和沸石，而制冷剂则常用水或甲醇。吸附式制冷系统通过热源（如太阳能或工业余热）加热吸附床，使吸附剂释放吸附的制冷剂蒸汽。蒸汽冷凝后经过节流降压，再在蒸发器中吸热，完成制冷循环。吸附式制冷的显著优势在于其运行安静、无震动，适用于对噪音敏感的场所。同时，系统不含氟利昂等有害物质，对环境友好。其主要应用领域包括太阳能制冷、废热利用制冷和低温制冷。尽管初始投资较高，但由于其低能耗和高环保性，吸附式制冷在绿色建筑中具有广阔的应用前景。设计师在实施该技术时，应确保热源稳定，并优化吸附剂和制冷剂的选择，以提升系统效率和运行可靠性。

（8）空气冷热源技术

空气作为冷热源，其容量随着室外环境温度和被冷却介质的变化而变化。作为一种普遍存在的自然资源，空气在任何时间、任何地点都存在，其可靠性极高，但其容量和品位会随时间变化，稳定性为Ⅱ类。在夏季需要供冷和冬季需要供热时，空气均为负品位，需要经过热泵技术提升之后才能工作，而在过渡季节，则为正品位或零品位，可以直接利用。由于空气具有流动性，因此，其可再生性和持续性都极好，空气源设备运行过程中对环境产生的影响主要在于噪声和冷凝热的释放问题，前者可以通过技术手段解决，后者则可以通过热回收技术在一定程度上缓解，在技术上不存在困难。总体来讲，空气作为冷热源，其环境友好性为良好。

二、绿色建筑的雨污再利用技术

（一）雨水利用方式

根据用途不同，雨水利用分为直接利用（回用）、间接利用（渗透）、综合利用等。

1. 雨水收集回用系统

一般分为收集、存储和处理供应三个部分。该系统又可分为单体建筑物分散系统和建筑群集中系统，由雨水汇水区、输水管系、截污装置、储存、净化和配水等几部分组成。有时还设置渗透设施与储水池的溢流管相连，使超过存储容量的溢流雨水渗透。

2. 入渗系统

该系统包括雨水收集、入渗等设施。根据渗透设施的不同，分为自然渗透和人工渗透；按渗透方式不同，分为分散渗透技术和集中回灌技术两大类。分散渗透设施易于实施，投资较少，可用于住宅区、道路两侧、停车场等场所。集中式渗透回灌最大，但对地下水位、雨水水质有更高的要求，使用时应采取预处理措施净化雨水，同时对地下水质和水位进行监测。

3. 调蓄排放系统

该系统用于有防洪排涝要求、要求场地迅速排干但不得采用雨水入渗系统的场所，并设有雨水收集、储存设施和排放管道等设施。在雨水管渠沿线附近有天然洼地、池塘、景观水体，可作为雨水径流高峰流量调蓄设施，当天然条件不满足时，可在汇水面下游建造室外调蓄池。

（二）雨水利用技术措施

1. 雨水收集与截污措施

（1）屋面雨水收集截污

①截污措施

可在建筑物雨水管内设置截污滤网，拦截树叶、鸟粪等大的污染物，须定期进行清理。

②初期弃流措施

屋面雨水一般按 2 ～ 3mm 控制初期弃流量，目前，国内市场已有成形产品。在住宅小区或建筑群雨水收集利用系统中，可适当集中设置装置，避免过多装置导致成本增加且不便于管理。

③弃流池

按所需弃流雨水量设计，一般用砖砌、混凝土现浇或预制。可设计为在线或旁通方式，弃流池中的初期雨水可就近排入市政污水管；小规模弃流池在水质、土壤及环境等条件允许时也可就近排入绿地消纳净化。

（2）其他汇水面雨水收集截污

路面雨水明显比屋面雨水水质差，一般不宜收集回用。新建的路面、污染不严重的小区或学校球场等，可采用雨水管、雨水暗渠、雨水明渠等方式收集雨水。水体附近汇集面的雨水也可利用地形通过地表径流向水体汇集。

①截污措施

利用道路两侧的低绿地和在绿地中设置有植被的自然排水浅沟，是一种很有效的路面雨水收集截污系统。路面雨水截污还可采用在路面雨水口处设置截污挂篮，也可在管渠的适当位置设置其他截污装置。

②路面雨水弃流

可以采用类似屋面雨水的弃流装置，一般为地下式。由于高程关系，弃流雨水的排放有时需要使用提升泵。一般适合设在径流集中、附近有埋深较大的污水井，以便通过重力流排放。

③植被浅沟通过一定的坡度和断面自然排水

表层植被能拦截部分颗粒物，小雨或初期雨水会部分自然下渗，收集的径流雨水水质沿途得以改善，是一种投资小、施工简单、管理方便的减少雨水径流污染的控制措施。道路雨水在进入景观水体前先进入植被浅沟或植被缓冲带，既达到利用雨水补充景观用水的目的，又保证了水体的水质。须根据区域条件综合分析，因地制宜设置。

2. 雨水处理与净化技术

（1）常规处理

雨水沉淀池（兼调蓄）可按传统污水沉淀池的方式进行设计，如采用平流式、竖流式、辐流式、旋流式等，多建于地下，一般采用钢筋混凝土结构、砖石结构等。较简易的方法是把雨水储存池分成沉沙区、沉淀区和储存区，不必再分别搭建。沉淀池的停留时间长，因此其容积比沉沙池大。为利于泥沙和悬浮物沉淀、排除，一般将沉淀池和沉沙池底部做成斜坡或凹形。有条件时，可利用已有水体做调蓄沉淀之用，可大大降低投资。

根据雨水的用途，考虑消毒处理。与生活污水相比，雨水的水量变化大，水质污染较轻，具有季节性、间断性、滞后性等特点，因此宜选用价格便宜、消毒效果好、维护管理方便的消毒方式。建议采用最成熟的加氯消毒方式，小规模雨水利用工程也可考虑紫外线消毒或投加消毒剂的办法。根据雨水利用设施运行情况，在非直接回用，不与人体接触的雨水利用项目中（如雨水通过较自然的收集、截污方式，补充景观水体），消毒可以只作为一种备用措施。

（2）自然净化

净化方式有：植被浅沟是一种截污措施，也是一种自然净化措施，当雨水径流通过植被时，污染物由于过滤、渗透、吸收及生物降解的联合作用被去除；屋顶绿化是指在各类建筑物、修建物等的屋顶、露台或天台上进行绿化，种植树木花卉，对改善城市环境有着重要意义；雨水花园是一种有效的雨水自然净化与处置技术，也是一种生物滞留设施；雨水土壤渗滤技术，利用人工土壤生态系统把雨水收集、净化、回用三者结合起来，构成了一个雨水处理与绿化、景观相结合的生态系统；雨水湿地技术，城市雨水湿地大多为人工湿地，是一种通过模拟天然湿地的结构和功能，人为建造和控制管理的与沼泽地类似的地表水体。

雨水湿地系统分为表流湿地系统和潜流湿地系统：表流湿地系统，系统在地下水位低或缺水地区通常衬有不透水材料层的浅蓄水池，防渗层上填充土壤或沙砾基质，并种有水生植物；潜流湿地系统，水流在地表以下流动，净化效果好，不易产生蚊蝇但有时易发生堵塞，须先沉淀去除悬浮固体，由于须换填沙砾等基质，建造费用比表流系统高。

（三）污水再生利用技术

1. 污水再生利用分类

污水再生利用是指将城市污水适当处理达到规定的水质标准后，用作生活、市政杂用水，比如灌溉、生态及景观环境用水，也称为中水利用。城市污水再生利用按服务范围可分为三类：

（1）建筑中水回用

在现代建筑设计中，中水回用系统已经成为提升资源利用效率和环境可持续性的关键技术。中水回用系统将建筑物中的生活污水，如淋浴水、洗手水和洗衣水，经过处理后重新用于冲厕、浇灌和清洁等非饮用用途。系统的核心部分包括污水收集、处理和储存设施。污水首先通过管道收集，经过初步过滤去除大颗粒物质，然后进入生物处理单元进行进一步的有机污染物降解。经过处理后的中水通过消毒设备，确保其符合使用标准。设计师在规划中水回用系统时，需要考虑建筑的污水产生量和用水需求，确保系统的规模和处理能力匹配。同时，合理设计管道布局和储水设施，保证系统运行的高效和可靠。通过中水回用，建筑物不仅节约了宝贵的淡水资源，还减少了污水排放和对环境的负荷。

（2）小区污水再生利用

小区污水再生利用系统通过集中收集和处理居民区内的生活污水，实现资源的循环利用和环境保护。设计师在小区规划阶段，通常会设置污水处理站，利用先进的污水处理技术，如膜生物反应器（MBR）和生物滤池等，确保处理后的水质达到再利用标准。处理后的再生水可以用于小区绿地灌溉、景观水体补充和道路清洁等多种用途，显著减少对市政供水的依赖。小区污水再生利用系统的成功实施，需要居民的积极参与和管理部门的有效监督，通过宣传和教育，提高居民的环保意识和参与度。此外，要定期维护和监控系统的运行状态，确保其长期稳定和高效运作。小区污水再生利用不仅提升了水资源利用效率，还创造了一个绿色、宜居的生活环境，为可持续发展提供了有力支持。

（3）区域污水再生利用

区域污水再生利用系统通过大规模的污水处理设施和管网，服务于城市或工业区，实现更广范围的水资源循环利用。设计师在规划区域污水再生系统时，需综合考虑污水处理厂的选址、处理工艺和管网布局，以确保系统的高效运行和经济性。处理厂通常采用多级处理技术，包括物理、化学和生物处理，确保出水水质符合再利用标准。处理后的再生水可以用于城市绿化、工业冷却水、农业灌溉和地下水回灌等多种用途。区域污水再生系统的实施，还需要建立完善的法规和激励机制，鼓励企业和居民积极参与再生水的利用。通过区域污水再生利用，不仅缓解了水资源短缺的问题，还减少了污水排放对环境的污染，促进了区域经济的可持续发展。设计师和管理者需密切合作，确保系统的规划、建设和运营能够充分发挥其生态和经济效益。

2. 污水再生利用水源

污水再生利用水源应根据排水的水质、水量等具体状况选定，主要有以下几种：

（1）城市污水处理厂出水

城市污水处理厂二级出水经过深度处理，达到回用水水质要求后经市政中水管网送到各用水区。城市污水处理厂出水量大，水源较稳定，大型污水厂的专业管理水平高，处理成本低，供水水质、水量有保障。

（2）相对洁净的工业排水

在许多工业区，某些工厂排放的水是相对洁净的水，如工业冷却水，其水质比较稳定。在保证使用安全和用户能接受的前提下，可作为很好的中水水源。

（3）小区雨水

雨水常集中于雨季，时间上分配不均，水量供给不稳定。如将雨水与建筑中的水系统联合运行，会加剧中水系统的水量波动，增加水量平衡难度，故一般不宜作为中水的原水，可作为中水的水源补给水。

（4）小区建筑排水

①小区建筑排水的种类

小区建筑排水系统通常包括生活污水、雨水和厨房油污水的排放。生活污水主要来源于居民的日常用水，如卫生间、浴室和洗衣房的排水，这类污水含有较高的有机污染物和悬浮物质，需要经过处理后再排放或回用。雨水排水系统则是为了收集和排放屋顶、道路和绿地上的雨水，避免积水和内涝问题。雨水通过设置雨水管道和排水口，引入雨水收集系统或排入市政雨水管网。厨房油污水主要来自家庭厨房的洗涤和烹饪活动，这类污水含有大量油脂和食物残渣，需要通过油水分离装置进行预处理，去除大部分油脂和固体物质，再排入污水处理系统。不同种类的排水系统在设计和维护上需要综合考虑各自的特点，确保排水顺畅、污染物有效去除，并符合环保要求。

②中水水源选用次序

根据水质和处理难易程度，中水水源的选用次序通常为：雨水、洗浴水、洗衣水和厨房排水。雨水由于污染程度最低，通常是中水系统的首选水源，通过简单的过滤和沉淀处理即可满足回用标准。洗浴水次之，其含有的污染物主要是肥皂和洗发水等表面活性剂，经过生物处理和消毒，可以安全用于冲厕和绿化灌溉。洗衣水则含有较高浓度的洗涤剂和纤维杂质，需要通过更复杂的处理工艺，如膜过滤和活性炭吸附，才能达到回用标准。厨房排水是最难处理的水源，因其含有大量的油脂和食物残渣，需要经过油水分离、厌氧处理和生物处理等多级处理工艺，方能用于非饮用水用途。选择适宜的中水水源，不仅能提高中水系统的运行效率，还能降低处理成本和能耗，实现资源的高效循环利用。

3. 污水再生利用的水质标准

城市污水再生利用可分为农林牧渔业用水、城市杂用水、工业用水、环境用水和补充水源水等。一般用于不与人体直接接触的用水，其用途主要有以下几种：

（1）城市杂用水

城市杂用水用于城市绿化、冲厕、空调采暖补充、道路广场浇洒、车辆冲洗、建筑施工、消防等方面。

（2）生态环境用水

生态环境用水即娱乐性景观环境用水。包括娱乐性景观河道、景观湖泊及水景等。

第三节　可持续建筑设计的创新方法应用

一、环境响应性场地设计

（一）概述

可持续场地设计的目的是通过调整场地和建筑使设计和施工策略形成有机整体，从而使人类获得更加舒适的生活环境和更高的使用效率。合理的场地规划具有指导性和战略性意义。它用图解的方式表示出某个场地利用的适当模式，同时结合可以最大限度地减少场地破坏、建设成本和建设资源的建造方法。

场地规划通过评估特定地形，以确定其最合适的用途，然后为此表明最合适的使用区域。一个理想的场地规划，在布置道路、安排建筑位置及相关用途时，应该利用从宏观环境中获得的场地数据和信息来进行。宏观环境包括该地区已有的历史和文化模式。

对建筑场地的选择，应从计算资源利用程度和已有自然系统的破坏程度开始。这些都是支持建筑开发所必需的。环保、健康的开发对场地的破坏应当尽可能小。因此，适合商业建筑的理想用地，应该位于已有商业环境中或与其相邻。建筑项目也应与物质运输、交通基础设施、市政设施和电信网络相关。合理的场地规划和建筑设计应该考虑在公用走廊中布置公共设施，或者选址时利用现有的公共设施网络。这种联合可以最大限度地减少场地破坏并便于建筑维修及检查。

建筑的使用、规模和结构系统影响其特定的场地要求和相关的环境，建筑特性、朝向及选址应结合场地进行考虑，这样，就可以确定合理的排水系统、循环模式、景观设计和其他场地开发特征。

（二）自然环境状况分析与评价

实现可持续场地设计面临的最大挑战是没有意识到大自然有很多可利用的资源。大自然有很多值得我们学习的地方，如果将设计融入大自然，则空间将更加舒适、有吸引力、有效。理解自然系统和它们相互联系的方式，以便在工作中减少对环境的影响，这是非常重要的。像自然界一样，设计不应是精致的，而应一直进化并适应其与环境更加密切的相互关系。

1. 风

风的主要作用是冷却。例如，热带环境的季风通常从东南方向吹来，吹向西北方向。建筑的朝向和具有聚风作用的室外布置充分利用这种冷却风，便可以视其为天然的空调。

2. 太阳

阳光充足的地方，有必要在活动区域为人体的舒适和安全提供遮阴措施（比如小径、院子），最经济实用的方法是利用天然植被、斜坡或引入的遮阴结构。利用室内空间的自然采光和太阳能是节约能源和响应环保的重要考虑方案。

3. 降雨

即使在雨水充沛的热带雨林里，适于饮用的净水也会经常短缺。很多地方必须引入水资源，这极大地增加了能源消耗和运行成本，使水的补偿变得很重要。这时，雨水应当收集起来用于多种用途（如饮用、洗澡），并加以再利用（如冲厕所、洗衣服）；废水或已开发区域的过剩雨水应该排入渠道并采用合适的方式流出，使地下水得到补充；应减少对土壤和植被的破坏，确保土地开发远离地表径流，以保护环境和自然结构。

4. 地貌

在许多地区，平坦的土地是很宝贵的，应该留作农业使用，这样只能留出坡地用于建筑。若采用创新的设计方案和合理的建造技术，斜坡并不是不可克服的场地不利因素。地貌可能造成建筑的竖向分层，并为独立建筑提供更多的私密性。地貌也可以通过改变亲密性或熟悉性来增强或改变参观者对场地的印象（如从一个峡谷走到山坡）。另外，保护当地的土壤和植被是需要认真对待的重要问题，增加人行道和休息点是解决这一问题的适当方案。

5. 水生生态系统

水生地区附近的开发必须以对敏感资源和方法的广泛了解为基础。大多数情况下，开发应着重于对水生区域的保护，以降低间接的环境破坏。特别敏感的地点，如海滩，应予以保护，使其不受任何干扰。任何水生资源的收获都应通过可持续性的评估，且随后进行监测和调节。

6. 植被

外来植物种类,尽管可能是美丽的、吸引人的,但不见得适应并能维持本土生态系统的健康。对脆弱的本土植物种类要加以确定和保护。原生植被应鼓励保持多样性，并保护天然植被生物的营养。开发中种植的本土植被与被破坏的原生植被的比例应为 2 ： 1。植被可以提高隐蔽性，可以用来制造“自然房间”，是遮阴的主要来源。植物也有助于保证景观的视觉完整性，并能自然地融入新开发地区的自然环境。某些情况下，植物可以在可持续的基础上提供促进粮食生产和其他有用产品的机会。

7. 视觉特征

自然景观应尽可能应用于设计中，应当避免制造视觉干扰（如道路阶段、公用设施等），小心控制外来干扰，利用本地建筑材料，将建筑物隐藏在植被中，根据地貌施工可以保持自然景观。在最初的时候减少建筑占地面积远比在完工后整治地块以减少视觉破坏要容易得多。

（三）场地整体布局设计

1. 建筑和场地朝向

规划场地的空地和植被，充分利用太阳能和地形条件。

规划建筑的正确朝向，在主动式和被动式太阳能系统中充分利用太阳能。

根据不同的气候条件，最大限度地减少或利用太阳阴影。

2. 景观和自然资源的利用

利用太阳能、空气流动、自然水源以及地形的隔热性能，进行建筑的温度控制。在寒冷的气候条件下，现有水源和地形可作为冬季的热汇资源，在炎热的气候条件下利用温差以产生凉爽的气流。现有的溪流和其他水资源有助于场地的辐射冷却，表面的颜色和朝向可用来更好地反射太阳光。

利用现有的植被来改善天气条件，为本土的野生动植物提供保护。植被在夏季时可以提供阴凉和蒸腾作用，在冬季可以防风。另外，植被可以为野生动植物提供天然的联系。

设计道路、景观以及配套设施以使风朝向主要建筑，并为其降温；或使主要建筑避开风，以减少热量损失。

（四）场地建筑布局设计

应进行场地分析以确定影响建筑设计的场地特征。以下场地特征都是影响建筑设计的要素，包括：形式、形状、体积、材料、体形系数、道路和公共设施、朝向、地坪标高、地理纬度（太阳高度）和微气候因素，地形和相邻土地形式，地下水和地表水径流特征，太阳辐射，每年和每日的气流分布，周边开发和计划的未来开发。

（五）场地交通布局设计

利用现有的汽车交通网络，减少新基础设施的需求。

集中公用设施，如人行道和汽车道路。为了降低路面成本、提高效率、集中径流，汽车道路、人行道、停车场应当紧凑。这不仅是减少建造成本的方法，还有助于降低不透水表面积与场地总面积的比率。

（六）基础设施相应设计

调整微气候，最大限度地满足人体舒适度的需求，充分利用室外公用设施如广场、休憩区。

考虑公用设施采用可持续场地材料。可能的话，材料应当可循环利用，而且具有较低的寿命周期费用。选择材料时也要考虑反射率。

二、气候适应性被动式建筑设计

（一）概述

被动式建筑的合理设计和指导为建筑所有者和居民提供了诸多益处，具体包括以下几种：①运行能耗：较低的能耗费用。②投资：以生命周期为成本基础的额外投资将带来高经济回报。如果考虑未来能源价格的上涨，那么这种回报将更大。这些将得到更高的使用率和满意度，随之而来的是较高的建筑价值和较低的风险。③舒适性：得到更好的热舒适性，减少对产生噪声的机械设备系统的依赖；得到阳光充沛的室内空间，以及开放的空间布置。④工作效率：更多的自然采光可减少眩光，可以提高工人的生产效率，提高人员出勤率。⑤环保：降低能源消耗量和对化学燃料的依赖。

成功地融入被动式设计策略要求有一套系统的方法。它必须开始于前期设计阶段，贯穿整个设计过程。在某些工程阶段，建筑户主和设计小组同意加入被动式设计是非常关键的，在建筑设计过程中应包括以下被动式设计策略：①场地选择：评估建筑场地的选择或位置及其采光效果和景观因素。②制订计划：建立能源利用模式，确定能源策略的优先性（如自然采光和高效照明）；确定基础条件，进行全寿命周期的成本分析；建立能源预算。③概念设计：考虑方位、建筑形式及景观等，最大限度地挖掘场地的潜力；对典型的建筑空间进行初步分析，涉及隔热性能、墙体蓄热能力、窗户类型和位置；确定可用的自然采光；确定被动式供热或制冷负荷、采光及空调系统的需求；确定各选择方案的初期投资效益，并与预算做对比。④设计发展：完成对所有建筑区域的分析，包括设计元素选择和生命周期成本分析。⑤施工文件：模拟整个建筑方案，编写满足能源效率设计目的的计划书。⑥投标：利用生命周期成本分析来评估各种可能的方案。⑦建设：与承包商沟通，使其知道设计的重要性并保证能够遵守。⑧入住：使居住者了解能源设计的意图，并为维修人员提供业务手册。⑨入住后：有目的地评估建筑性能和居住者行为，与设计目标做比较。

被动式建筑设计开始于对选址、自然采光以及建筑围护结构的考虑，几乎所有被动设计的元素都有不止一个目的。被动式建筑设计在保证自然景观审美的同时也可以提供关键的遮阳或直接的气流，其中窗户既是遮阳装置又是室内设计的一部分；而砖石地板不仅能蓄热，还可以提供耐久的步行表面；在房间内反射的阳光使房间明亮并提供工作照明。其设计要点有以下几个方面：①保温隔热：提供适当的保温隔热，最大限度地减少漏风。②窗户：传热，采光，内部空间和外部环境之间进行空气交换。③采光：降低照明和制冷方面的能源损耗；创造更好的工作环境，从而提高舒适性和生产效率。④蓄热：储存冬季的过剩热量，在夏季，夜间冷却而日间吸收热量，这有助于转移供热和冷却的高峰负荷至非高峰时间。⑤被动式太阳能供暖：利用适当数量和类型的南向玻璃窗和合理设计的遮阳装置，使热量在冬季进入建筑，在夏季被反射，这在气候凉爽的地区最适用。⑥自然通风被动冷却：通过自然或机械手段对气流进行控制，这将有助于提高建筑大部分区域的能源效率。

（二）气候分区与建筑特征

1. 气候因子

形成气候的基本因子主要有三个：辐射因子、环流因子、地理因子。气候因子指形成生物环境的各气候因子，由温度因子（绝对值、变化类型和幅度）、水分因子（降水量、降雨型、湿度）、光因子（光照度、日照时间）、大气因子（氧气及二氧化碳的浓度、风）等组成。

2. 气候带划分

（1）建筑热工设计气候分区

建筑热工设计气候分区通过对不同区域的气候条件进行详细分析，制定适合当地的建筑设计标准，确保建筑在各类气候条件下都能提供舒适的室内环境。设计师需要考虑诸如温度、湿度、降水量和风速等因素，合理选择建筑材料和构造方法。比如，在寒冷气候区，建筑物需要加强保温性能，通过厚实的墙体和高效的保温材料，减少热量损失。而在炎热气候区，设计需侧重于隔热和通风，利用遮阳和自然通风技术，降低室内温度。通过热工设计的优化，建筑不仅能提供舒适的居住环境，还能显著降低能源消耗，提升整体能效。

（2）建筑节能气候分区

建筑节能气候分区旨在根据不同地区的能源使用特性，制订相应的节能策略，优化建筑的能效表现。在温带气候区，设计师应重视夏季降温和冬季供暖的平衡，通过双层玻璃窗和太阳能利用等措施，降低能源消耗。在热带气候区，节能设计侧重于减少空调负荷，通过屋顶绿化、外墙遮阳和高效通风系统，提升建筑的自然冷却能力。而在寒冷气候区，设计则需重点解决供暖问题，采用高效热泵和地热系统，充分利用可再生能源，减少对传统化石燃料的依赖。节能气候分区不仅指导设计师在不同气候条件下采取最优的节能措施，还推动了可持续建筑的发展，减少了建筑对环境的影响。通过这些精细化的节能设计策略，不同气候区的建筑都能实现高效节能，降低运行成本，增强环境友好性。

（三）气候适应性被动式设计方法

1. 被动式设计原理

被动式设计原理强调利用自然环境的力量，通过建筑设计的优化来提升居住舒适度和能源效率。设计师通过精心选择建筑的朝向、材料和形态，使建筑在不同季节和气候条件下都能有效利用太阳能、风能和地热能等自然资源。例如，通过科学设计窗户和墙体的隔热性能，夏季避免过多的太阳辐射进入室内，而冬季则尽可能多地吸收和保存太阳热量。被动式设计还注重自然通风和光照，通过合理布局和开口设计，最大化利用自然光和新鲜空气，减少对人工照明和机械通风的依赖。被动式设计的核心在于通过建筑本身的性能来调节室内环境，而不是依赖额外的机械设备，既提高了能源效率，又减少了运行成本和对环境的影响。

2. 室内外空间联系

室内外空间的有效联系是被动式设计中的一个重要方面，旨在通过建筑设计增强室内外环境的互动和融合。设计师通过设置大面积的落地窗、阳台和庭院，使室内空间延伸到室外，自然光和新鲜空气能够自由流通。这样的设计不仅提升了室内的舒适度，还增强了住户与自然的亲近感。利用可开闭的窗户和门，居民可以根据季节和气候变化，自由调节室内的通风和采光效果。此外，通过绿化屋顶、垂直绿化和室内植物墙等手段，进一步模糊了室内外的界限，创造了一个健康、绿色的居住环境。这样的设计方式，不仅有助于节约能源，还能提高居住者的生活质量和促进心理健康。

3. 被动式太阳能系统

被动式太阳能系统通过巧妙的设计，将太阳能自然引入建筑，用于采暖、制冷和热水供应。设计师在建筑朝向、窗户布局和墙体材料的选择上，都做了精细的考量。例如，在寒冷地区，建筑物的主要窗户面向南方，以最大限度地吸收冬季的太阳热量。同时，通过热质量墙和蓄热地板，将白天吸收的热量储存起来，夜晚释放，保持室内温暖。在炎热地区，设计则强调遮阳和隔热，利用深邃的屋檐、遮阳板和反射材料，减少阳光直接照射，降低室内温度。通过这些被动式太阳能设计，建筑能够有效利用自然资源，减少对传统能源的依赖，实现可持续发展目标。

4. 被动式风能系统

被动式风能系统利用自然风的力量，通过建筑设计的优化，实现自然通风和降温效果。设计师在建筑布局和形态上做出调整，使其能够最大化地捕捉和引导风流。例如，通过设置风塔和风井，将凉爽的风引入室内，排出热空气，形成自然的空气对流，提升室内的舒适度。在沿海地区和高风速区域，建筑物的开窗和通风口设计尤为重要，通过合理布置和形状优化，确保室内空气流动顺畅。屋顶的通风装置和侧墙的通风口，能够有效增强自然通风效果，减少对空调系统的依赖。同时，设计师还注重风能利用的舒适性，通过调整风速和风向，避免过强的风流带来不适。被动式风能系统的应用，不仅提高了建筑的能源效率，还创造了一个健康、舒适的室内环境。

三、自然环境共生型设计

（一）概述

自然环境共生型设计强调建筑与自然环境的和谐共处，通过综合运用生态设计理念，最大限度地减少对环境的负面影响。设计师在规划和设计过程中，始终将生态保护和可持续发展作为核心原则，通过合理利用自然资源、优化建筑形态和选用环保材料，创造一个与自然环境共生共荣的建筑空间。这样的设计不仅关注建筑的功能性和美观度，更强调对自然生态系统的尊重和保护，通过减少资源消耗和污染物排放，实现人与自然的和谐共生。自然环境共生型设计不仅有助于提升环境质量，还为未来的建筑设计提供了可持续发展的范例。

（二）保护自然设计方法

1. 生态系统

保护生态系统是自然环境共生型设计的核心目标。设计师在规划过程中，需全面考虑对地下水资源的保护和利用，确保建筑不破坏自然水循环。通过设计雨水收集和渗透系统，减少地表径流，补充地下水资源。此外，生物环境的生态平衡也是设计的重要内容，通过保留和恢复原生植被，保护当地生物多样性，创造良好的生境条件。绿化设计需采用本地适宜的植物种类，减少外来物种对本地生态的干扰。大气排放控制则通过使用低排放建材和高效能源系统，减少温室气体和污染物的排放。废弃物处置同样不可忽视，设计师需规划有效的废弃物分类和回收系统，最大限度地减少废物的产生和填埋对环境的负面影响。

2. 气候条件

在自然环境共生型设计中，充分考虑当地气候条件是确保建筑舒适性和节能效果的关键。设计师通过分析当地的温度、湿度、风速和日照等气候数据，制定合理的建筑布局和形态。建筑朝向的选择需最大化利用自然光和热，减少冬季取暖和夏季制冷的能源需求。例如，在寒冷地区，建筑宜朝向南方，以充分利用冬季阳光提高室内温度；而在炎热地区，设计则需注重遮阳和自然通风，通过合理布置窗户和遮阳设施，降低室内温度。此外，利用地形和植被来调节微气候，通过绿化屋顶和垂直绿化，增加建筑的绿视率和生态效益。通过这些设计方法，建筑能够更好地适应当地气候条件，提升居住舒适度，减少能源消耗，实现真正的生态共生。

（三）防御自然设计方法

1. 隔热设计

常规隔热设计方法和措施主要有外围护结构隔热和遮阳两类。其中外围护结构隔热又可分为外墙隔热、门窗隔热和屋面隔热三种面。外墙隔热原理和构造做法与外墙保温的原理和构造基本相似。

（1）门窗隔热

作为门窗节能整体设计的一部分，门窗隔热与门窗保温在具体的实施措施上，还存在一定的区别。

①玻璃的选择

在选择建筑门窗时，要保证整体建筑的节能，根据各地区不同的节能目标，合理地选择玻璃。夏热冬冷地区，夏季日照强烈，空调制冷是主要能耗，因此应降低玻璃的遮阳系数。玻璃的遮阳系数越低，透过玻璃传递的太阳光能量越少，越有利于建筑物制冷节能。但玻璃的遮阳系数也不能太低，否则会影响玻璃的天然采光。

②玻璃镀膜

玻璃镀低辐射膜可以大幅度降低玻璃之间的辐射传热。在夏热冬冷地区和炎热地区，由于其能耗主要集中在夏季，因此节能设计的重点主要是隔热。如果在中空玻璃的外层玻璃镀热反辐射膜，内层玻璃镀低辐射膜，可以将 85% ～ 90% 照射在玻璃上的太阳辐射热反射回去，而且中空玻璃的传热能力明显降低，对降低夏季建筑物内的空调负荷有重要作用。

（2）屋面隔热

屋面隔热是防御自然热量入侵的重要措施，尤其在炎热气候区，屋顶是太阳辐射最直接的受影响区域。设计师通过选择适宜的屋面材料和隔热技术，显著提升建筑的热舒适性和节能效果。白色或浅色屋顶材料具有高反射率，能够反射大部分太阳辐射，减少热量吸收。这种冷屋顶技术在夏季效果尤为显著，降低屋顶表面的温度，从而减少热量向室内传导。绿化屋顶也是一种有效的隔热方法，通过在屋顶种植植物，利用植被和土壤的隔热作用，减少热量传导。绿化屋顶不仅具有良好的隔热性能，还能美化环境，增加城市绿地面积。多层屋面结构，如在屋顶下增加一层隔热板或设置通风层，形成空气对流，带走热量，可进一步提升隔热效果。通过这些屋面隔热措施，建筑物能够在炎热的气候条件下保持凉爽，减少空调使用频率，达到节能减排的目的。

2. 防寒设计

（1）外围护实体墙面节能措施

外围护实体墙面在防寒设计中起着至关重要的作用，通过采用高效的保温材料和先进的构造技术，可以显著提升建筑物的保温性能。在寒冷地区，设计师通常使用复合墙体结构，将保温层夹在内外墙之间。这种结构不仅增加了墙体的厚度，还有效阻隔了热量的传导。常用的保温材料包括岩棉、挤塑聚苯板和聚氨酯泡沫，这些材料具有优良的保温性能和耐久性。为了进一步提高墙体的节能效果，还可以在外墙表面涂覆反射性涂料，减少热辐射的损失。墙体的气密性同样重要，通过严密的施工工艺和优质的密封材料，可防止冷空气渗入和热空气流失。整体而言，通过综合运用这些外围护墙面节能措施，建筑物在冬季能够保持室内温暖，减少采暖能耗，实现高效节能。

（2）窗户节能措施

窗户是建筑物围护结构中热量损失最多的部分，因此在防寒设计中，窗户的节能措施尤为关键。设计师通过选择高性能的窗户材料和优化窗户构造，有效提升其保温性能。双层或三层中空玻璃窗是常见的节能窗户类型，这种窗户通过在玻璃层之间充填惰性气体，如氩气，可减少热传导。此外，窗框材料的选择也至关重要，低导热性能的窗框，如断桥铝合金窗框，可以显著减少热量的流失。为了提高窗户的气密性，设计师应采用优质的密封条和严格的安装工艺，防止冷空气渗透。窗户的朝向和大小设计也需综合考虑，南向窗户应尽量增大，以充分利用冬季阳光，而北向和西向窗户则应适当减小，减少冷风的侵入。通过这些窗户节能措施，建筑物能够在寒冷季节保持良好的室内温度，提高整体能源效率。

（3）屋面节能措施

屋面在防寒设计中同样扮演着重要角色，通过科学的构造和材料选择，屋面能够有效防止热量损失。设计师常采用多层屋面结构，在屋顶表面以下设置厚实的保温层，如岩棉、泡沫玻璃和聚氨酯板等材料，这些材料具有低导热性，能够显著减少热量流失。为了增加屋面的反射性能，可以在表面涂覆反射性涂料或铺设反光膜，减少热辐射损失。在寒冷地区，还可设计坡屋顶，通过利用空气对流带走积雪融化的热量，进一步提升保温效果。屋顶的气密性也需特别关注，通过精细的施工工艺和优质的密封材料，防止冷空气渗入和热空气流失。整体而言，屋面节能措施不仅提高了建筑的保温性能，还有效减少了冬季的采暖能耗，实现了节能减排的目标。

3. 遮阳设计

在建筑设计中，遮阳设计是控制太阳辐射、减少夏季室内热负荷的重要手段。设计师可以采用多种遮阳装置，如遮阳板、遮阳篷、百叶窗和绿化等，通过科学布置这些装置，有效阻挡直射阳光。遮阳板和遮阳篷可以安装在窗户外部，调节角度以适应不同季节的太阳高度，确保夏季阻挡强烈的太阳辐射，而冬季则允许更多阳光进入室内。百叶窗可以调节叶片的角度，既能阻挡阳光，又不影响自然通风。利用绿化遮阳，如在窗户外种植攀爬植物或设置绿化墙，不仅能提供遮阳效果，还能美化环境、改善空气质量。遮阳设计不仅提升了室内舒适度，还显著降低了空调能耗，具有重要的节能效益和生态效益。

4. 通风设计

通风设计通过优化建筑结构和布局，实现自然通风和机械通风的有效结合，提升室内空气质量和热舒适度。设计师通过合理布置窗户、门和通风口，利用风压和热压差驱动自然通风，形成室内外空气的流动。在自然通风设计中，窗户的大小和位置尤为重要，迎风面应设置较大的窗户，背风面应设置较小的窗户，可以形成有效的穿堂风，快速排出室内的热空气和污染物。通过设置天窗或通风井，利用热空气上升的原理，进一步增强自然通风效果。在机械通风方面，设计师可以采用高效的通风系统，如全热交换新风系统和排风系统，确保室内空气的新鲜和洁净。机械通风系统应与自然通风设计相结合，通过智能控制系统，根据室内外环境的变化，自动调整通风模式和风量，实现节能和舒适的双重目标。通风设计不仅提升了室内环境质量，还增强了建筑的整体能源效率。

（四）利用自然设计方法

1. 利用能源

在现代建筑设计中，充分利用自然能源是实现可持续发展的关键。设计师通过整合太阳能、风能和地热能等可再生能源，为建筑提供清洁、可持续的能源解决方案。太阳能利用方面，设计师在建筑屋顶和南向立面安装太阳能光伏板和太阳能集热器，将太阳能转化为电能和热能，满足建筑的电力需求和供暖需求。风能利用通过在建筑物顶部或周边安装小型风力发电机，将风能转化为电能，为建筑提供补充能源。地热能利用则通过地源热泵系统，利用地下稳定的温度进行建筑物的供暖和制冷，大幅降低传统能源的消耗。设计师还需综合考虑各类自然能源的特性和当地的气候条件，制订最优的能源利用策略，确保系统的高效运行和经济性。通过利用自然能源，不仅降低了建筑物的碳排放，还显著提升了能源效率和环境友好性。

2. 利用资源

建筑物应尽量采用可自然再生、可循环利用的材料。目前，我国大部分高层写字楼采用的是现浇钢筋混凝土材料，这种建筑材料废弃后回收利用率很低，而且在生产过程中产生的污染较大，因此在建筑材料的选择上应尽量采用自然的、可再生的、可循环利用的物质。

一般来讲，钢、铝及玻璃的回收利用率高于水泥、混凝土，因此在建筑的结构设计中采用钢结构体系是有积极意义的。建筑的使用寿命结束后，结构钢材一般能像其初始那样进行再循环和再利用，而混凝土只能在低一级的形式中二次利用（如混凝土只能作为碎石，用其砌块填塞基础，而不能作为结构用料再循环使用）。

3. 活用绿化

在建筑设计中，绿化不仅具有美化环境的功能，更是改善微气候、提升建筑生态效益的重要手段。设计师通过多层次、多样化的绿化布局，将建筑与自然环境有机结合，创造出舒适宜人的居住和工作空间。屋顶绿化是活用绿化的一种有效方式，通过在建筑物屋顶种植植物，增加绿地面积，提升建筑的隔热效果，减少热岛效应。垂直绿化是利用建筑立面进行绿化，如设置绿植墙或种植攀援植物，不仅增加了绿化面积，还改善了空气质量，提供了良好的视觉效果。庭院和阳台的绿化设计则通过种植花卉、灌木和小型树木，营造出私密而自然的休憩空间。设计师还可以在建筑物周围规划绿化带和小型公园，通过合理的植物配置，增强生态多样性，改善小气候。活用绿化不仅提升了建筑的美观度和生态效益，还为居民提供了更多的接触自然的机会，促进身心健康。

参考文献

[1] 张华，王艳玲．可持续设计理念融入环境设计的创新路径研究 [M]. 哈尔滨：北方文艺出版社，2022. 06.

[2] 路毅．地域文化视角下空间环境设计创新研究 [M]. 中国原子能出版社，2022. 09.

[3] 董艳．环境艺术设计的基本理论与实践创新研究 [M]. 北京：中国纺织出版社，2022. 11.

[4] 贾秀丽，刘婧，王思琪．风景园林设计与环境生态保护 [M]. 长春：吉林科学技术出版社，2022. 09.

[5] 王海文．循环经济下的生态环境设计研究与应用 [M]. 哈尔滨：哈尔滨出版社，2023. 01.

[6] 李永慧．环境艺术与艺术设计 [M]. 吉林出版集团股份有限公司，2021. 10.

[7] 孙磊．环境设计美学 [M]. 重庆：重庆大学出版社，2021. 08.

[8] 周晓晶，王亚南．现代环境设计理论与方法研究 [M]. 北京：北京工业大学出版社，2023. 04.

[9] 黄茜，蔡莎莎，肖攀峰．现代环境设计与美学表现 [M]. 延吉：延边大学出版社，2020. 06.

[10] 王燕．环境设计理论与实践 [M]. 长春：吉林美术出版社，2018. 03.

[11] 马骅龙，付丽娜．生态学视角下的环境设计探索 [M]. 长春：吉林文史出版社，2021. 03.

[12] 王霖．不同视角下的环境设计研究 [M]. 长春：吉林人民出版社，2019. 07.

[13] 刘丰溢．生态视角下环境艺术设计的可持续发展研究 [M]. 北京：中国纺织出版社，2022. 08.

[14] 余晓丽．可持续性城市公共环境设施设计研究·以公交候车设施为例 [M]. 青岛：中国海洋大学出版社，2022. 07.

[15] 吴相凯．基于绿色可持续的室内环境设计研究 [M]. 成都：电子科技大学出版社，2019. 07.

[16] 李永峰，李巧燕．可持续发展导论 [M]. 北京：机械工业出版社，2022. 01.

[17] 刘振剑．现代生态经济与可持续发展研究 [M]. 中国原子能出版社，2022. 01.

[18] 瞿沙蔓．现代环境保护与可持续发展研究 [M]. 中国原子能出版社，2022. 01.

[19] 胡智泉，胡辉，李胜利．生态环境保护与可持续发展 [M]. 武汉：华中科技大学出版社，2021.08.
[20] 郭苏建，方恺，周云亨．环境治理与可持续发展 [M]. 杭州：浙江大学出版社，2020.08.
[21] 刘曦，赵宇，段于兰．可持续设计新方向 [M]. 重庆：重庆大学出版社，2019.11.
[22] 郑媛元．环境艺术与生态景观设计研究 [M]. 北京：中国纺织出版社，2022.08.
[23] 谷晓丹，陈凡，朱春艳．基于可供性理论的环境设计方法论 [M]. 沈阳：东北大学出版社，2021.08.
[24] 张晓峰．环境设计中的室内设计优化研究 [M]. 北京：中国纺织出版社，2021.08.
[25] 王川．健康理念下老年空间环境设计研究 [M]. 天津：天津大学出版社，2020.11.
[26] 关杨．教室昼间健康光环境设计研究 [M]. 重庆：重庆大学出版社，2020.09.
[27] 黄超．中国传统美学与环境艺术设计 [M]. 长春：吉林人民出版社，2020.07.
[28] 李季．环境设计心理学研究 [M]. 延吉：延边大学出版社，2019.05.
[29] 林家阳，金啸宇，潘韦妤，钱海燕，金微薇．环境设计手绘表现技法 [M]. 杭州：中国美术学院出版社，2019.04.
[30] 瞿燕花．环境设计实践创新应用研究 [M]. 青岛：中国海洋大学出版社，2019.06.